아파트를 떠난 사람들

공간을 통해 삶을 바꾼 용감한 다섯 가족의 모험기

아파트를
떠난 사람들

최민아

공간을 통해 삶을 바꾼
용감한 다섯 가족의 모험기

효형출판

차례

완다비전과 집

완다는 어벤저스 중 가장 막강한 능력을 지닌 슈퍼 히어로다. 인피니티 스톤을 모두 모으기 전의 타노스보다 강할 정도지만, 정작 자신은 어릴 때 부모님을 여의고 함께 의지하던 동생마저 잃어 외로움에 고통받는다. 그녀는 자신의 아픔을 이해하는 AI 사이보그인 비전과 사랑에 빠진다. 그러나 지구 인류를 구하기 위해 비전이 스스로를 희생하고, 그 시신마저 무기로 활용되어 장례조차 치를 수 없게 되자 완다는 고통에 몸부림치며 차를 몰고 어느 시골 마을로 향한다.

절망에 빠진 완다가 도착한 곳은 비전과 함께 조용히 여생을 보내기 위해 준비한 집을 지을 작은 땅이다. 황량한 대지를 바라보며 모든 꿈과 사랑이 사라진 완다는 절규하는데, 그 순간 강한 폭발과 함께 그녀는 1950년대 흑백 시트콤 속 작은 집에 있는 자신을 발견한다. 그곳에는 산산히 분해됐던 비전이 남편의 모습으로 자신을 기다리고, 이내 둘 사이엔 쌍둥이인 두 아이도 생겨 행복으로 가득한 생활이 그녀를 기다리는 듯하다.

강한 염력을 지닌 완다의 절실한 바람이 자신도 모르게 만들어낸 초현실은 바로 작은 집이다. 그녀를 보호해줄 집이 생기자 사랑하는 비전이 돌아왔고, 아이들이 태어났고, 이웃과 동네가 생겼다. 그리고 마을은 점점 커졌다. 집은 완다에게 보호받는 느낌, 따뜻한 사랑과 웃음, 가족, 행복을 안겨주었다. 우리에게 집은 그런 존재다.

집을 짓고 작은 마당과 나만의 테라스를 갖는 것은 나의 오랜 꿈이었다. 언젠가 이런 경사지붕과 테라스가 있는 집을 갖고 싶다며 스케치를 보여주었고, 남편은 마당으로 가는 문을 노란색으로 칠하겠다고 했다. 십여 년 전부터는 마당에 심을 나무들의 목록도 생겼다. 어릴 적 마당에 있던 목련, 라일락, 장미와 커서 알게 된 백일홍, 모과나무. 그 집 마당에는 커다란 백목련이 있었는데, 이번에는 자목련을 심어보고 싶다. 봄날 목련의 자줏빛은 숨이 막히게 고혹적이다.

그런데 몇 년 전부터 언젠가, 또 그리 머잖아 실현될 수 있을 것 같던 나만의 집 짓기가 어쩌면 이번 생에는 어려울 수 있겠다는 생각이 들기 시작했다. 신도시인 세종으로 이사를 오면서 기성 도시에서는 어렵지 않게 만날 수 있던 다양한 땅과 주택, 공간 환경과 멀어진 것이 결정적인 이유일지도 모른다.

계획도시인 신도시에서는 주택을 지을 수 있는 땅이 매우 정형화되어 있고, 그에 따라 가격도 어느정도 정해져 있다. 이곳의 단독주택 부지는 기본적으로 80평은 족히 넘는다. 땅값이 비쌀 땐 8억 원을 훌쩍 웃돌고, 단순하게 계산하면 그 위에 40평의 집만 지어도 필요한 금액이 최소한 10억 원 초반에 달한다. 이전까지 살던 서울에서는 20평, 30평 정도의 작은 땅이나 오래된 주택을 사 집을 새로 짓거나 리모델링할 수도 있지만, 지금 내가 사는 계획 신도시에는 그런 환경이 존재하지 않는다.

다양하고 풍요로운 생태계는 동식물 자원만큼이나 도시에서도 중요하다. 그러나 다양한 여건을 가진 사람들이 저마다의 모습으로 주택을 지을 수 있는 환경과 거리가 먼 이곳에서, 아파트에 사는 대부분의 사람은 경제석으로 단독주택에 접근하기 어렵고, 나도 그중 한 명이라는 것을 깨달았다.

완다에게 소박한 집과 그곳에서의 행복이 모두 허상이었던 것처럼, 아침 이슬이 맺힌 마당의 잔디를 맨발로 밟아 보거나 퇴근 후 부리나케 달려와 테라스에서 긴 초여름의 오렌지빛 해를 느끼고 싶다는 소망이 글자 그대로 꿈에 그치겠다는 서글픈 예감이 들었다.

정말 공주와 왕자는 이후 영원히 행복하게 살았을까?

그러던 중 주변의 몇몇 분들이 단독주택에서 생활하시는 것을 알게 됐다. 혹시 이전 책을 본 분들이라면 내가 아파트로 가득 찬 획일적인 주거문화와 도시환경을 그다지 바람직하게 생각하지 않는 걸 알 것이다. 나도 벗어나지 못하지만, 대부분의 건축과 교수들이 자발적으로 아파트에 사는 우리나라 주거 환경의 빈약함을 개인적으로 참담하게 여긴다.

"저분들은 어떻게 나의 간절한 꿈을 이뤘지?"

어떤 엄청난 능력, 여건, 추진력이 있었기에 가능했던 건지 궁금했다. 부러움과 호기심이 뒤섞여 그 집이 어떤 모습의 공간인지, 어떤 과정을 거쳐 지었는지 세세한 이야기가 궁금해졌다.

"땅은 어떻게 찾으셨어요? 비용은 얼마나 들었어요?"

집 짓기 이야기는 대부분 여기서 시작된다. 그런데 상세한 이야기를 들어보니 집을 짓는 것은 단순히 땅을 찾고, 예쁘거나 독특하게 설계한 집을 듬직한 시공사가 현실화하는 수준을 훨씬 넘어선 어려운 일이라는 것을 알게 되었다. 공간에 대한 궁금함에서 시작된 집 짓기 탐사는 인터뷰를 거듭하며 공간 속 삶의 이야기로 확대되었고, 듣는 것만으로도 풍요로움이 느껴지는 대리만족의 뿌듯한 감정으로 전환됐다.

　이 책은 아파트를 벗어나 단독주택에 거주하는 다섯 가족과 그 집에 관한 이야기다. 다섯 가족 모두 자신에게 맞는 공간을 고민하며 오랜 기간 찾아다녔다. 지금은 마당을 지닌 집에서 매일 하늘을 보고, 나무를 스치는 바람 소리를 들으며 살고 있다. 다섯 집은 가족 구성도, 집의 위치나 크기, 모습도 많이 다르다. 누군가는 빈 땅을 찾아 새 집을 지었고, 어떤 이는 오래된 한옥을 개조했고, 또 다른 가족은 본인이 짓지 않은 주택의 임차인으로 옹기종기한 마을에 살고 있다. 내 시각에서 그들은 모두 꿈을 이뤘다.

　아이러니하게 집 짓기에서 정말 중요한 것은 집 짓기가 끝난 이후다. 동화 속 공주와 왕자 이야기는 첫눈에 반한 두 사람이 여러 어려움을 극복하고 성대한 결혼식을 올리며, 항상 같은 문장으로 끝난다.

　"두 사람은 영원히 행복하게 살았습니다 They lived happily ever after."

　하지만 결혼식 이후 수십 년의 세월이 행복해야 진정한 해피엔딩 아닌가? 집 짓기도 마찬가지다. 집을 다 지은 후 그 안의 삶이 풍요로워야 행복한 결말이 된다.

　그래서 이 책은 새 터전을 마련하는 어려운 과정과 결과물인 멋진 공간을 조명하는 만큼이나 집 짓기가 끝난 후 그 안에 담긴 삶의 모습도 중요하게 바라봤다. 원하는 꿈을 이뤄내고 그 집에서 맞이하게 된 예상치 못했던 문제, 해결 방법, 아쉬운 점, 새로운 목표들의 이야기가 더욱 깊이 와닿는다. 집 짓기의 완성은 엔딩이 아니라 다른 삶이 시작되는 본 시즌의 오프닝으로 "과연 공주와 왕자 두 사람은 정말 행복하게 살았을까?"에 대한 답을 이 안에서 찾을 수 있다.

해피엔딩의 동화 속에는 항상 주인공의 조력자가 등장한다. 요정이나 난쟁이, 때로는 숲속 동물 친구들이기도 하다. 이들의 도움으로 주인공은 즐겁고 씩씩하게 자신이 원하는 목표를 찾아 나아간다. 이 책에 담긴 다섯 가족의 이야기가 아마도 우리의 조력자 역할을 할 수 있을 것이다.

나니아로 가는 옷장을 열지 않아도 이번 생에서 우리는 집 짓기에 조금은 손쉽게 다가갈 수 있을까? 나만의 라이프 스타일을 담을, 어쩌면 나의 라이프 스타일 그 자체일지도 모를 집 짓기를 꿈꾸는 우리의 바람이 '영원히 행복하게Happily ever after'로 연결되어 그 안에서 다채로운 삶의 이야기가 계절을 거듭하며 오래오래 펼쳐지도록, 이제 다섯 집의 이야기에 귀를 기울여보자.

❖ 일러두기

각 장의 이야기는 건축주의 관점에서 1인칭 시점으로 진행된다. 저자가 취재한 내용을 재구성하여 서술했다.

건축주 혹은 저자가 직접 찍은 사진을 제공받아 책에 수록했다.

1 한평마당집

아내(건축가) + 남편(건축가)

주택 생활 5년 차

#서울 용산구   #동네 탐방

#도심 속 내 집 마련

#생활 거점

#도시형 한옥 리모델링

서울 한복판의 동네 찾기

건축가 부부인 우리는 설계사무소에서 만났고 결혼 후 1년은 죽전의 부모님 댁에서 살았다. 다시 1년이 지난 후 서울의 한복판으로 이사를 왔다. 둘 다 사무실이 서울에 있으니 단순하게 직장과 가까운 곳에 집이 있으면 편리할 것 같았다. 굳이 아파트를 고집하며 아침저녁으로 한두 시간씩 이동 시간과 에너지를 허비하고 싶지 않았고, 아이가 없으니 그 필요도 크지 않았다. 부동산을 통한 재산 증식에 대한 생각도 없었거니와 의지도 그리 크지 않았다.

바쁜 회사 생활 중 딱 하루, 휴가로 시간을 낼 수 있었다. 우리는 머리를 맞댄 채 서울 지도를 커다랗게 펼쳐 놓고 도시 중앙부에 괜찮아 보이는 곳을 찾아봤다.

"이쯤이 어때?"

지도 한복판을 짚으며 내가 제안했다.

"여기가 어디야? 공덕동? 어, 나쁘지 않을 것 같아. 둘 다 회사가 가까이 있잖아."

"그치, 일 마치고 저녁에는 둘이 만나 집에 천천히 걸어갈 수도 있겠는데."

지도를 꼼꼼히 살펴보며 아내도 고개를 끄덕였다.

"바로 가서 확인하자. 괜찮은 집이 있으면 좋겠다."

그런데 막상 공덕동에 가보니 우리 예산으로 구할 수 있는 곳은 작은 면적의 오피스텔이나 빌딩 숲 사이의 다세대주택, 상가주택 정도였다. 공덕동의 아파트는 가격이 상당해 우리에겐 문턱이 너무 높았다. 그래도 그 주변에서 집을 찾고 싶은 마음에 최대한 많은 집을 돌아봤다. 그날 무언가를 결정하고 싶었다. 그러나 마음에 드는 집을 만나지 못했고, 저녁 무렵엔 부동산 사장님도 지쳤다. 이 정도까지 찾아봤는데 적당한 집이 없어 우리도 포기해야 하나 싶었다.

그런데 부동산 벽에 걸린 커다란 지도에서 빽빽한 집들 사이, 동그랗게 자리 잡은 효창공원이 눈에 번쩍 들어왔다. 극적인 순간이었다. 저 동네의 집도 보고싶다고 부탁을 드렸다. 다른 부동산을 소개받아 어두운 밤에 효창공원 근처를 둘러보게 됐다. 5층 건물에 엘리베이터 없는 다세대주택을 발견했다. 집이 깨끗하고 내부 공간도 괜찮게 느껴졌다. 무엇보다 동네가 좋았고, 당일에 집을 구하면 편리했을 상황이라 깊은 고민 없이 계약했다.

우리의 첫 집은 한눈에 마음에 쏙 들었을 만큼 분위기도, 공간도 좋았다. 가장 위층이다 보니 건축법 사선제한 때문에 천장이 사선으로 꺾여 있었는데 일반 집에서는 느끼지 못하는 아늑한 분위기였다. 살다 보니 효창동이라는 동네는 좋았지만 꼭대기 층이라 여름에는 상당히 더웠고, 테라스가 북향이라 남쪽으로는 막혀 있어 해가 들지 않아 답답하게 느껴졌다. 2015년의 일이다.

2년의 계약 기간이 지나고 근처의 신축 빌라로 이사했다. 그간의 경험으로 무조건 남향에 뷰가 좋아야 한다는 조건하에 발품을 팔았다. 여러 다세대주택과 빌라를 방문했는데, 전면에 다른 건물이 있어 답답하거나, 공간 구성이 영 이상해서 몸을 구겨 넣고 맞춰 살아야 할 것 같은 집이 많았다. 2017년 이사 간 집은 첫 집 바로 근처였고, 전면으로 학교 뒤편 정원이 보여 뷰도 좋고 해도 잘 들었다. 그러나 좁은 방과 공간 구성은 아쉬웠다.

2년이 지나 또다시 이사를 할 시점이 되었다. 같은 동네에 산 지 4년 차가 된 우리는 주변 지역을 꽤 잘 알게 되었다. 동네에 사는 동안 공덕역에서 마을버스를 타고 집으로 올라오곤 했는데, 버스를 타면 효창공원을 빙 돌아서 집에 갔다. 그때마다 창문에 보이는 공원 앞 주거지 풍경이 굉장히 한적해 보여 이곳에 살면 어떨까 하는 마음이 들었다. 언덕 위쪽이라 여름엔 걸어 올라가려면 꽤 힘이 드는 위치다. 처음부터 이곳에 살자고 했다면 오지 않았을 것 같다.

그러나 인근에 살면서 고즈넉하고 자연과 가까운 동네인 신공덕동의 매력을 깨닫게 됐고, 우리가 이곳에 사는 것을 아는 지인이 이 근처에 건축사사무소가 있다고 아내에게 소개해줬다. 그렇게 동네와 친숙해지면서 바로 이 동네가 우리가 원하는 환경이라는 것을 알게 됐다. 만약 누군가 집을 사고 싶어 한다면 한두 번 가보는 것으로는 동네를 잘 알 수 없으니 반드시 어느 정도 살아봐야 한다고 알려주고 싶다.

자그마한 카페가 있고 나지막한 집들이 옹기종이 있는 동네 분위기. 서울 한
복판에서 넓은 녹지와 조용함을 느낄 수 있다. 심지어 이곳은 걸어서 직장까
지 출퇴근도 가능해 일상의 여유도 누릴 수 있다.

| 1 | 2 |
| | 3 |

1 둘이 독립해서 처음으로 살았던 집. 집의 아늑한 분위기와 북측의 넓은 테라스가 좋아 애정이 많이 갔다.   **2,3** 두 번째 집. 공간에 그다지 여유가 없어 거실을 작업 공간으로 사용했지만, 즐거운 2년을 보냈다.

작아서 살 수 있던 집

두 번의 전셋집 생활을 거치면서 우리의 집을 만들고 싶다는 생각이 간절히 들었다. 아무래도 임대한 집은 수선하는 데 한계가 있으니 매매를 통해 집을 마련하고 우리 삶에 맞는 방식대로 만들어가기로 생각했다. 서울 안에서 우리의 예산으로 살 수 있는 집을 살펴봤다. 효창공원 근처의 조용한 주택가는 물론, 다른 곳도 찾아볼까 싶어 근처인 후암동에서 시작해 서울 강북 사대문 안팎을 둘러봤다.

앞서 살펴본 동네에서 집을 구하는 데 필요한 예산과 비슷한 가격대로 다른 지역의 아파트를 찾아보기도 했다. 하지만 아파트의 공간 구성이 매력적으로 느껴지진 않았다. 이미 조직된 공간이나 시스템에 취향을 반영하는 데도 한계가 분명했다. 물론 인테리어를 한다면 얼마든지 다를 수 있겠지만 모두 똑같은 구조 속에서 층층이 살아가는 게 달갑지 않았다. 또한 그러한 삶이 길어지는 이동 거리와 많은 빚을 감수할 정도로 간절하지도 않았다.

게다가 우리 예산에 적절한 아파트는 강북 외곽에 자리한 난개발 형태의 단지 위주라서 주변 기반시설이 부족했다. 단지 안은 그래도 현대적이지만, 지하철역에서 단지까지 걸어가며 마주하는 동네나 주변이 기분 좋고 깔끔한 분위기는 아니었다.

'뭐 그렇게까지 아파트를….'

이런 생각도 있었고, 조금 좁더라도 살고 싶은 집을 직접 만들고 우리만의 도심 자투리 땅을 가져보자고 결론 내렸다.

　　4년을 살면서 더 살아보고 싶다고 느낀 지금 이 동네로 다시 돌아왔다. 그런데 집을 사려니 이왕이면 땅을 가질 수 있는 것이 좋겠다는 생각이 들었다. 빌라는 다른 집들과 땅을 나눠 갖지만, 단독주택을 통해 땅을 온전히 소유하면 다양한 방식으로 집을 수선해볼 수 있다. 매력적인 점들이 보이기 시작했다. 우리만의 집이 생기면 무엇이든 해볼 수 있는 첫 번째 실험체로서의 의미도 꽤 클 것 같았다. 어떤 형태든 좀 괜찮은 집을 고쳐서 살아볼 생각으로 여러 집을 봤다. 첫 집은 앞이 막히고 해가 들지 않아 고생했는데, 그래도 이 동네는 경사가 있어 뷰가 좋은 집을 어느 정도 찾을 수 있었다.

　　이렇게 방향을 정하고 보니 마음에 드는 땅이 몇 곳 있었다. 살던 동네에서 집을 찾는 것이라 부동산 매물에 대해서는 얼추 알고 있었다. 20평 정도의 대지에 자리한 2층 집을 비롯한 땅을 몇 군데 찾았다. 그런데 막상 사려 하면 집주인이 팔 생각을 접었다. 집은 내가 원한다고 살 수 있는 게 아니었다.

　　현재 우리가 살고 있는 땅은 좁은 면적 탓에 후 순위로 밀려났던 곳이다. 더 나은 조건의 땅을 사려고 애썼지만 인연이 닿지 않아 두 달의 시간을 보냈다. 후에 다시 찾아갔을 때도 이 집은 주인을 찾고 있었다. 토지 면적은 고작 43m². 제대로 활용하긴 어려운 땅이었다. 그래도 필지가 도로에 바로 접해 나중에도 매매가 어렵지 않겠고, 집 규모가 작으니 대지 매입 비용도 부담되지 않는 정도라 집을 구매하기로 결정했다.

　　2019년은 부동산이 무섭게 오르던 시점이었는데도 다행히 처음에 봤던 가격에 집이 있는 땅을 살 수 있었다. 2019년 7월에 계약을 하고 잔금은 8월 말에 치렀다. 평당 2천만 원으로 2억 6천만 원이 부동산 가격이었다. 1억 원 중반 정도의 금액은 신혼부부 대출을 활용해 마련했다.

결혼 후 6년 차에 접어들던 우리는 세 번의 이사 끝에 오래된 도시형 한옥을 우리 이름으로 가질 수 있게 되었다. 2년쯤 후 우리 집과 붙어 있는 국공유지 2평을 샀고, 지금은 집 면적이 약간 늘었다.

마당이 있는 집

우리는 서울 한복판, 마당이 있는 집에 산다. 마당은 정말 많은 것을 선물로 준다. 햇빛, 바람, 눈, 찬 공기, 골목을 오가는 사람들의 움직임 그리고 이를 함께 느끼고 싶어 찾아오는 친구와 지인들. 낯선 동네 사람들도 우리 집이 궁금한지 한번 구경할 수 있냐며 대문을 두드리기도 한다.

우리는 이곳에 여러 식물(안타깝게도 번번이 죽는)을 심어 정원이나 텃밭을 가꾸거나 친구들과 바비큐를 한다. 별일 없는 주말에는 그냥 아무 생각 없이 하늘을 보고 드러누워 하염없이 시간을 보낸다. 눈앞의 낮은 담장 위로 펼쳐지는 끝없이 파란 하늘은 드넓은 바다처럼 느껴진다. 나는, 우리는 이 고요함에 매료된다. 북적이는 마포와 서울역 인근, 서울 한복판에 살면서 도시를 떠나 몇 시간을 달려야 얻을 수 있는 한적함 속에서 생활할 수 있다는 것이 신기하다.

우리의 마당은 채 한 평이 되지 않는 작은, 아주 작은 공간이다. 하지만 만 평의 땅에 쏟아지는 것과 같은 비와 햇빛이 쏟아지고, 눈송이도 쌓이고, 회오리바람도 휘몰아친다. 이 공간에서 우리는 직접 흙에 발을 딛고, 봄 이끼 냄새를 맡고, 계절의 변화를 느끼고, 내리쬐는 햇살에 샤워를 한다.

　아무리 작아도 마당이 주는 풍요로움은 결코 적지 않다. 오히려 한 품에 들어오는 공간 속에 압축되어 우리 심장으로 더욱 큰 울림을 전해준다. 공간 그 자체가 마치 축복처럼 느껴진다고 하면 과장일까? 우리의 작은 마당이 바로 그런 곳이다.

우리 집의 주인공은 누가 봐도 마당이다. 한 평이 채 안 되는 마당 덕분에 항상
빛이 환하고, 계절의 변화가 늘 와닿는다. 마당을 가지면 하늘도, 바람도, 낙엽
도, 민들레 홀씨도 내 것이 된다.

집 짓기 준비

집 짓기는 건축가인 우리들의 전문 분야다. 그러니 설계는 직접 하는 것이 당연했다. 그리고 아내는 집을 구하기 시작할 때부터 한 걸음 더 나아가 설계부터 시공까지 해보고 싶다는 마음을 내비쳤다.

"설계부터 공사 현장, 그러니까 하나부터 열까지 다 직접 해보고 싶어. 건축가로서 갖게 된 첫 번째 실험체잖아."

아내가 들뜬 목소리로 말했다. 같은 건축가인 나는 아내의 마음을 충분히 이해했다.

집에 대한 구상과 설계를 진행하고 시공사 견적을 받았는데, 생각보다 많이 비쌌다. 그래도 하루 빨리 우리 집을 짓고 싶은 마음이 커 아내 주도하에 집 짓기를 시작했다. 그런데 일이 본격적으로 진행되다 보니 직장 생활과 직영공사를 병행하기가 어려운 상황임을 알게 됐다. 아내가 조심스럽게 상황을 말씀드리자 회사 소장님이 흔쾌히 휴직을 양해해 주셨다.

집 짓기를 준비하면서 우리 부부 사이에는 이런저런 이야기가 오갔다.

"직접 짓겠다는 건 현장소장을 하겠다는 이야기야? 괜찮을까?"

"응. 내 집이잖아. 철거부터 벽돌 쌓고 수전 다는 것까지 하나하나 지켜보게."

"그래 해 봐! 하지만 이제 곧 날이 추워질 텐데. 손바닥만 한 집이니 현장 사무소가 따로 있어 쉴 수 있는 것도 아니고. 힘들지 않겠어?"

우리 손으로 장만하는 첫 집도 중요하지만 가장 중요한 건 그래도 아내의 건강이다.

"내 집을 직접 만들어갈 수 있다니, 이보다 더 좋은 기회가 어딨어?"

"퇴근하고 빨리 와서 나도 같이 살펴봐야겠다!"

"잠깐, 집 명의가 오빠 이름이니 오빠가 건축주인 거야? 하하."

아내는 덧붙였다.

"단순히 현장 경험을 하는 것보다 내가 한 설계로 공사 계획을 짜고 그에 따라 하나씩 온전하게 만들어가는 기회는 흔치 않으니까."

우리는 의기투합해 빠르게 일을 진척시켜 나갔다. 아내가 휴직을 하면서 본격적인 집 설계와 시공 준비가 시작됐다. 가장 먼저 한 일은 집 근처에 반지하 방 얻기였다. 계약 기간이 만료되어 살던 집을 비워줘야 했고, 공사는 오전 7시부터 오후 3~4시까지 이뤄지니 바로 옆에 살면 오가는 시간을 줄일 수 있을 듯했다. 아침 일찍 반장님들이 오는 시간에 맞춰 나가고 중간중간 설계 수정을 하거나 휴식하고, 밥 먹기에도 가까운 게 좋을 것 같았다.

일단 짐만 맡기면 된다는 단순한 생각이었다. 집이 워낙 작고 리모델링을 할 생각이었으니 세 달만 반지하에서 살면 된다고 생각했다. 그러나 실제로는 2020년 2월 중반까지 겨울을 넘기며 생각보다 긴 기간을 지내야 했다.

집 짓기의 시작은 부지 측량이다. 지적도와 땅의 현황에는 대개 차이가 있다. 땅이 작고 오래된 동네일수록 상황이 심각해 실제로 집을 지을 때 큰 어려움을 겪기도 한다. 우리 집도 마찬가지였다. 겨우 13평 땅인데 실제 땅의 지적과 건물 위치가 다른 부분이 있었다.

우리가 산 집은 1963년에 지어진 도시형 한옥이다. 살면서 이곳저곳 손보고 지붕을 덧씌워 최대한 여러 사람이 살 수 있도록 방과 공간을 늘린 모습이었다. 처음 지어졌을 당시에는 아마 손바닥만 한 작은 마당이 있었을 텐데, 사람이 몸을 누이고 쉬기 위해 마당보다는 방이 필요했을 테니 이 공간은 온데간데없이 사라졌다. 대신 지붕을 덮어 싱크대를 놓고 주방 겸 방으로 사용하고 있었다.

토지대장에 기재된 대지면적은 43m², 건축물대장에 기재된 건축면적은 23.5m²였다. 단독주택지역의 건폐율 기준(60%)을 적용하면 25.8m²가 되니 서류상으로는 법적 기준에 맞는 건축물 현황이 등록된 셈이다. 하지만 실제 집의 모습은 면적도 형태도 달랐다.

하긴, 이 집이 지어진 시절 삶의 형태를 추측해 보면 집마다 아이 서너 명은 기본이고 거기다 할머니 할아버지까지 같이 살기도 했을 텐데, 가정집 대부분은 이처럼 작았을 것이다. 이 집에 마당을 막아 지붕을 치고 방을 하나 늘린다 해도, 한방에 두세 명이 함께 잠을 자야 했을 것이다.

오늘날 우리나라의 1인 최소 주거 면적은 14m²로 규정되어 있는데, 이 집의 면적이 건축물대장에 쓰인 대로라면 두 명이 살기에도 비좁다는 얘기가 된다. 그런데 같은 공간에 예닐곱 명이 살아야 하는 상황에서 비어 있는 마당 공간을 놀린다는 것이 오히려 어리석은 일이었을 것이다. 그래서 이 집은 대문을 여는 순간부터 내부가 되고 땅 전체가 집이 되는, 건폐율이 100%인 집이었다.

1960년대 중반에 지은 여느 집처럼 목구조에 시멘트 기와를 사용한 개량 한옥. 처음에는 현재 집을 대수선하면서 증축도 가능할 것이라고 생각했다. 신축도 물론 고려했지만 법적 상황, 측량 결과 그리고 옆집 현황을 검토해 보니 집의 기존 뼈대를 활용하는 것이 가장 합리적이라는 판단이 섰다. 처음부터 한옥의 서까래가 있는 목구조와 분위기에 끌렸으니 리모델링으로 만족하는 것도 나쁘지 않다고 생각했다. 폭 5.4m, 깊이 7.3m인 작은 땅이 지닌 한계였다. 사실 우리가 이 집을 택한 가장 결정적인 이유 중 하나도 한옥 목구조의 특성상 내부 수선이 더 자유롭다는 점이었다.

기존 집은 천장 마감과 내부 벽에 가려 목구조와 서까래가 전혀 보이지 않았다. 하지만 철거 전에 집 바깥에 보이는 초석으로 기둥 위치를 대략 파악하는 일은 어렵지 않았다. 집을 매매한 후 천장 마감을 뜯었을 때 서까래 상태를 봤고, 그때 집의 원래 모습인 목구조를 되찾아주면 좋겠다고 생각했다. 대략적인 방향이 정해졌으니 진짜 집 짓기만 남았다!

1963년에 지어진 후 오랜 시간 생활을 담으며 기존 집의 모습이 점차 변화되고 숨겨졌다. 벽과 지붕 속에 가려진 기둥과 서까래의 모습을 알아채고 이 집을 선택했다.

긴 세월의 흔적이 겹겹이 쌓여 있던 기존 집의 모습. 조그만 땅 전부를 가능한
한 내부 공간으로 사용하려 덧댄 지붕이 눈에 띄었다.

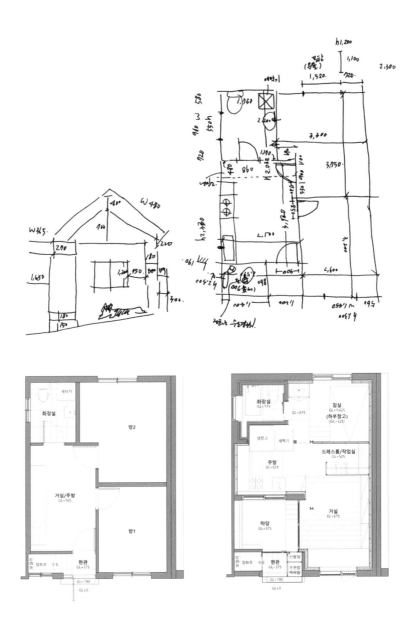

1 실측 후 그린 스케치. 2,3 리모델링 전,후의 평면도. 방 두 개와 거실로
구성된 기존 집에서 지붕을 덮어 증축한 부분을 걷어내 마당을 만들고 침실
과 거실이 있는 구조로 만들었다. 3m 층고에 마당이 있어 개방감이 커 좁은
면적이지만 답답한 느낌이 덜하다.

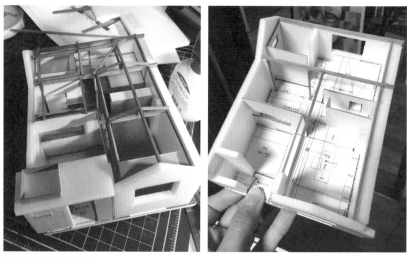

집을 짓는 동안 1/100 모형을 만들어 이리저리 돌려보고 뜯어보았다. 시작부터 완공까지의 여정을 함께한 모형을 지금도 소중하게 보관하고 있다. 집을 짓고 공간을 만드는 우리의 시도는 앞으로도 계속될 것이다.

고난의 한겨울 소액 리모델링

건축법에 따르면 집을 고치는 일은 어느 정도까지, 어떻게 고치냐에 따라 지자체에 신고하거나 허가를 받아야 한다. 수선 유형마다 각각의 기준이 있으므로, 이를 잘 검토하고 따라야 한다. 한옥을 리모델링할 때는 기둥과 보, 지붕틀을 증설 또는 해체하거나 세 개 이상 수선 또는 변경하지 않으면 대수선 신고를 하지 않아도 된다. 일이 손쉬워지고 행정 절차를 밟으며 기다리는 기간이 줄어드니 결과적으로 더 빨리 집에 들어가살 수 있다.

　이러한 기준에 맞춰 리모델링을 시작했다. 대수선에 들어가지 않는 범위에서, 필요한 부분은 보와 기둥 일부를 철골로 보강했다. 워낙 낡아 비가 새는 지붕은 보수하면서도 구조는 건드리지 않았고, 기존의 시멘트 기와는 금속 기와로 교체했다.

　리모델링은 기존 집의 구조와 내부 공간을 활용하기 때문에 공사가 간단할 것 같지만 실제로는 전혀 그렇지 않다. 신축보다 공사 기간이 긴 데다, 기존 건물의 현황을 실측하는 첫단추가 매우 중요하다. 게다가 철거 과정이 복잡하고 폐기물 양에 따라 비용이 달라지기 때문에 정확한 계산이 요구된다. 가급적 한 번에 폐기물 처리를 진행해야 한다.

　철거 단계는 먼저 기존 집의 상태를 확인하고 철거할 것과 남길 것을 구분해 세심하게 진행해야 하니 일이 더뎌질 수밖에 없다. 비용과 기간 측면에선 그냥 건물 전체를 해체하고 새로 집을 짓는 게 훨씬 저렴하고 손쉽다. 물론 지구의 환경 부하를 생각하면 단순하게 당장 지출하는 금액이 적으니 경제적이라고 단정 지을 수 있는 문제는 아니다. 더구나 우리 집은 목구조와 지붕틀을 살려야 하는데 공간이 워낙 좁아 작업자들이 수월하게 일할 수 있는 환경이 아니었다.

어려움은 그것만이 아니다. 건축가가 슈퍼맨 같은 투시 능력을 지닌 것은 아니기 때문에 보이지 않는 부분에 대해서는 상상할 뿐이다. 한번은 천장 안을 확인하기 위해 쇠지렛대를 샀는데, 무거워서 도저히 제대로 다룰 수가 없었다. 여러 번 천장을 쳐도 뚫리기는커녕 금조차 가지 않고 묵묵부답이었다. 우여곡절 끝에 이전부터 알던 현장소장님의 도움을 받았다. 소장님은 업체 소개나 현장 문제에 관해서도 많은 도움을 주었다. 현장에 잔뼈가 굵은 소장님의 솜씨는 거의 감동적일 정도라 우리는 '빠루 요정'이라는 애칭을 선사하기도 했다.

실측 데이터를 토대로 설계를 진행했고, 본격적으로 공사가 시작됐다. 아내가 직접 감독하며 직영으로 공사했다. 항시 현장에 살았으니 상황에 따라 실시간으로 설계와 시공이 변경됐다. 해체가 되는 1/100 모형을 제작해 어떤 공간을 만들지 꼼꼼하게 따져보고 설계에 적용하기도 했다.

우리 집의 리모델링 순서는 다음과 같다.

구조 보강 ···▸ 철거 ···▸ 전기 ···▸ 설비 ···▸ 조적 ···▸ 미장 ···▸ 바닥 ···▸ 지붕 ···▸ 바닥(난방) ···▸ 창문 ···▸ 목공 ···▸ 금속 ···▸ 도장 ···▸ 타일 ···▸ 마루 ···▸ 마감(전기, 설비, 가구)

벽에 숨은 목구조의 상태를 알 수 없었기 때문에 먼저 구조보강을 한 뒤에 철거를 진행했다. 그다음 기둥과 외벽, 지붕 구조를 빼고 내부 벽체와 바닥(기존 난방)을 철거했다. 폐기물을 처리하기 위해 트럭을 수배하는 비용이 꽤 컸다. 당시 1톤에 30만~40만 원 정도로 지붕 철거를 제외하면 5백만 원이 들었다. 우리는 철거 공사 횟수를 줄일 수 있도록 계획했다. 예외적으로 지붕만 두 번에 걸쳐 철거했다. 기와를 들어낸 뒤 곧바로 후속 작업을 마쳐야 내부 공사를 진행할 수 있었기 때문이다. 한 업체가 지붕 철거와 공사를 맡는 편이 더 저렴하기도 했다.

철거가 끝난 후 앞서 언급한 순서대로 공사를 시작했다. 기존 집은 땅 전체를 내부 공간으로 사용했지만 우리는 불법 증축된 가설 지붕을 걷어냈다. 그리고 대문을 열면 드러나는 작은 마당을 만들었다. 부부만 있는 단출한 구성에 집도 작으니 침실 하나와 거실, 작은 욕실, 주방을 계획했다.

벽이 철거된 바닥에 다시 벽돌을 쌓아 단열 처리한 벽을 세우고 높낮이 차이로 구분되는 공간에 난방 설비를 갖췄다. 그후 차례로 전기선 매립, 목공 작업을 거치면서 우리가 계획한 내부 공간이 제 모습을 드러내기 시작했다. 당시 반장님의 일당은 35만 원이었고, 목공 인건비는 그보다 높았다. 3주 동안 자재비를 포함해 목공 부분에 1천만 원 정도가 들었다.

공사 전체에는 자재비와 노임을 합쳐 7천만 원 정도가 들었는데, 설계와 현장소장 비용은 빠진 셈이다. 아내는 새벽부터 추위 속 먼지 가득한 현장과 씨름하며 집을 지었고, 나는 일을 마치면 곧바로 현장에 가서 집이 지어지는 모습을 같이 살폈다. 짧게 두세 달이면 끝날 줄 알았던 작업이 길어지면서 피로가 쌓였다.

"여기 이렇게 된 게 맞아?"

어느 날 퇴근하고 숨 가쁘게 온 내가 별생각 없이 아내에게 건넨 말이다.

"뭐가 어떤데. 그럼 어떻게 됐어야 하는데?"

나는 단순히 궁금한 부분이 눈에 띄어 물어본 것뿐인데, 아내한테는 마음에 안 든다는 느낌으로 전달됐나 보다.

"같이 고민하고, 여긴 이렇게 하면 더 좋지 않을까 방법을 함께 찾아야지, 질문만 해?"

퉁명스러운 대답이 돌아온다. 하긴 이 추운 날 그럴 법도 하다.

진지하게 집중하는 일에 대해서는 가끔 발끈하는 성격이 있는 아내의 모습인데, 귀엽고 재밌다. 그래서 나는 다음 날 또 반복했다.

"이게 뭐야?"

이어 뒤따르는 아내의 한결같은 반응. 아내에겐 미안하지만, 나는 재미가 붙었다. 조만간 아내가 눈치를 채려나?

한여름에 매매계약서에 도장을 찍고, 첫 삽을 뜬 9월만 해도 새 집에서 새해를 맞을 수 있을 줄 알고 들떴었다. 하지만 해가 바뀌는 순간에도 공사는 한창이었고, 언제까지 이어질지 가늠이 안 됐다. 무수히 복잡한 공정이 면밀하게 서로 연결되고 쌓여가야 하니 집이 작을수록 일이 더 힘들다는 것을 새삼 깨달았다.

공사를 처음 시작할 때만 해도 의욕이 넘치던 아내가 어느 날은 하루 일정을 마치고 반지하 방으로 돌아와 혼잣말처럼 얘기하기도 했다.

"과연 이 일이 끝나기는 할까?"

집은 겨울이 끝나갈 무렵에서야 제 모습을 찾았다. 그제서야 우리는 다시 웃음을 찾았다. 동지의 긴 밤과 겨울의 스산함이 물러가면서 쉰여덟의 한옥은 갓 지은 햅쌀밥 같이 뽀얀 새 집으로 다시 태어났다. 원래 작은 마당을 품은 'ㄱ'자 형태였던 구조는 거주자의 편의에 따라 변형되어 전혀 보이지 않았다. 우리는 안쪽의 벽을 털어낸 뒤 그 자리에 기둥을 배치하고 채를 열어주었다. 여기에 마당 공간을 찾아주면서 이 집의 원래 구조를 드러냈다. 세월에 따라 덧씌워진 묵은 때는 사라지고 밝은 빛과 따스함이 공간 전체를 감싼다.

"감리할 때는 현장소장님이랑만 이야기하니 작업자에게 직접 지시하는 일은 없었잖아. 그런데 현장소장은 모든 공정을 하나하나 챙겨야 하니 너무 달라."

"역시 나는 공간을 고민하고 만들어가는 일을 좋아하는구나 싶더라. 현장 업무도 꽤 매력적인 것 같아."

열정적인 공사 감독이자 나의 든든한 아내가 전한 후기다.

겹겹이 덧댄 벽과 마감을 철거하자 옛 한옥의 목구조가 드러났다. 철골로 보
강해 우리만의 공간으로 다듬어가는 과정.

과거와 현재의 나무가 어우러진 거실과 침실, 주방이 따스한 빛을 만나 아늑한 분위기를 자아낸다.

우리의 바람대로 옛 한옥의 모습을 되찾은 거실. 서까래를 비롯한 목구조 안에 철골구조가 이질감 없이 녹아들었다. 대청마루와 같은 거실에 누워 내리쬐는 햇빛을 만끽하는 시간이 정말 소중하다.

1
2

1 모형 사진. **2** 공사 후 사진. 모형과 실제 공간이 매우 흡사하다. 설계 과정에서 그렸던 장면이 눈앞에 그대로 실현됐다. 이런 경험에서 느껴지는 뿌듯함은 말로 형용하기 어려울 정도였다.

이상하게 넓은 집

집이 다 지어지자 환호하고 좋아한 것은 우리 부부만이 아니다. 각자의 설계사무소 친구들, 또 다른 친구들, 동네 사람들까지 서울 한복판의 조용한 동네에 새 단장을 마친 작고 아기자기한 집이 탄생했다는 것에 들떴다.

생각해 보면 집을 짓는 과정에서도 그랬다. 일요일까지 공사를 하다 보니 '또 먼지 날리냐', '언제까지 시끄럽게 할 거냐'라는 볼멘소리도 많았지만, 집 짓는 게 쉽지 않은 일인데 대단하다거나, 궁금해하고 응원해 주던 이웃도 많았다.

작은 마당이 그리도 매력적인지 친구와 동료들이 수시로 찾아온다. 잠시 들러 차를 마시고, 저녁을 먹고 가는 정도가 아니라 음악을 틀고 한 뼘짜리 마당에 불을 피우고선 시골 동네에 온 양 '불멍'을 즐긴다. 그러다 시간이 훌쩍 지나 너무 늦어지면 가끔 자고 가기도 한다. 10평이채 안 되는 작은 침실 하나짜리 협소 주택에서 말이다. 놀랍게도 이곳에선 눈 깜짝할 사이에 시간이 지나간다.

하루는 친구들이 서너 명 놀러 왔다. 우리 부부까지 더 하면 대여섯 명이 열 평짜리 집에 있는 셈이다.

"희한하게 이 집은 넓게 느껴지네. 고작 10평인데도."

"그러게, 무슨 마법 아이템을 쓴 거야?"

"누가 설계했는지, 집 참 잘 지었네!"

비결은 욕실을 제외한 집 내부를 모두 열린 공간으로 만든 것이다.

욕실을 제외하면 어디에도 문이 없다. 대청마루를 닮은 거실 앞에 처마와 툇마루를 만들고, 주방은 바닥 높이를 낮춰 거실과 적절히 분리되는 별도 공간으로 마련했다.

반대로 침실은 거실 높이보다 훨씬 들어 올려 누마루의 형태를 띤다. 아래에는 큰 수납공간이 자리한다. 덕분에 침실은 다락처럼 아늑하다. 침실과 거실엔 마루, 욕실과 주방은 타일로 다른 바닥재를 사용했지만 색감은 통일했다.

호텔처럼 세면대는 외부로 꺼내 침대 바로 옆에 배치했다. 구획되는 면적을 최소화해 내부가 더 넓어 보이게 하려는 의도다. 화장실도 단차이를 거의 두지 않아 공간이 이어지게 했고, 욕조를 샤워 커튼으로 분리해 화장실까지 건식으로 쓸 수 있게 했다.

이렇게 물 쓰는 곳을 작게 하면 습기 관리에도 유리하고 따로 욕실화 없이 공간을 사용해 청소하기 쉽다는 장점도 있다. 구역마다 별도의 공간감을 주기 위한 방법이기도 했지만, 무엇보다 너무 좁은 면적의 한계를 극복하기 위해 생각해낸 아이디어였다.

서까래, 처마와 툇마루는 옛집의 흔적을 고스란히 드러내는 요소다. 덕분에 지붕 경사를 따라 합판으로 마감한 침실에선 더 아늑하고 편안한 분위기가 느껴진다. 어찌 보면 일본 전통 호텔 같기도 하다. 다른 곳과 이어져 있지만 공간마다 조금은 다른 느낌을 주는 것이 연출 포인트였다.

집이 좁아도 마당에 면한 폴딩 도어를 단 거실은 언제나 빛이 가득하다. 주방에도 마당을 향하는 창과 더불어 상부 창을 가로로 길게 낸 덕에 오래도록 환하다. 폴딩 도어를 모두 접으면 마당까지 외부공간과 합쳐져 넓게 확장된다. 전통 한옥에서 볼 수 있는 대청마루 구조 그대로다.

작은 부분이지만 출입문도 고민했다. 리모델링 전 출입문은 골목길과 바로 연결되어 있었는데, 우리는 외부에 작게 포치 공간을 마련하고 출입문을 루버 형태로 제작했다. 골목길과 마당이 닫혀 있지 않고, 작은 틈 사이로 얼핏 보이게 해 연결성을 주고 싶었다.

집 전체를 다 합쳐도 큰방 하나 정도의 면적이지만, 공간이 환하면 놀랍게도 비좁은 느낌은 사라진다. 인간의 뇌는 객관적 사실을 파악하기보다는 다른 감각을 버무려 같은 면적을 비좁게도, 넓고 쾌적하게도 받아들이는 감성적 존재인가 보다. 물론 여기에는 높은 층고도 한몫한다. 주방은 2.4m, 거실은 3m 높이다. 공간의 용적이 크니 가로, 세로 폭이 좀 좁다 해도 훨씬 여유롭게 느껴진다.

좁은 면적에도 이 집이 정신없지 않은 또 다른 이유는 설계 당시 수납공간을 이곳저곳에 만들어뒀기 때문이다. 집이 작다 보니 특히 신경을 많이 썼다. 수납과 다른 기능을 겸할 수 있게 만드는 방법을 깊이 고민했다.

애서가인 아내는 사는 것이 책밖에 없을 정도라 거실 한쪽 벽 전체를 따라 책장을 만들고, 오른편에 긴 의자로도 사용할 수 있는 낮은 책장을 두었다.

수납 문제는 침실 바닥을 들어 올리게 된 이유 중 하나이기도 하다. 수납공간이 위쪽에 있으면 무거운 짐을 보관하기도 어려운 데다 넣고 빼기도 불편하다. 결과적으로 아래에 수납공간, 위에 침대가 자리하게 됐다. 각 공간 사이 사이에 작은 틈을 활용해 팬트리, 게임룸까지 만들었다. 특히 거실과 침실을 나누는 벽은 여러 역할이 있다. 안쪽에선 옷장인 동시에 바깥쪽에선 빔 스크린으로 기능한다.

그 외에도 세면대에 단차가 있는 부분이나 화장실 안 잉여 공간, 냉장고와 세탁기 상부에도 수납공간을 만들었다. 그뿐 아니라 보일러실에 따로 문을 달아 외부에서 보관할 짐을 두고 보일러실 맞은 편엔 금속으로 택배함, 우편함, 신발장을 제작해 설치했다. 이쯤이면 공간을 활용한 수납에 대해서는 거의 모든 방법을 썼다고 할 수 있다.

그래도 해결되지 않는 문제가 시시때때로 발생한다. 살림을 하면 아무리 짐을 줄여도 이런저런 생활용품이 계속 늘어 저장 공간이 필요하기 때문이다. 이럴 때는 중고거래를 통해 해결한다. 지속적으로 사용하지 않는 것을 굳이 모셔두고 살 이유가 없기도 하다.

이 집으로 이사하려니 안 들어가는 짐이 한 무더기였다. 살펴보니 계속 이고 지고 살아온 불필요한 짐이 꽤 많고, 사용하는 공간보다 물건이 차지하는 공간이 더 많다는 걸 알게 됐다.

그래서 필요하지 않은 것은 다 버렸다. 그렇게 짐을 최소한으로 덜어냈지만 굉장히 작은 집이라 별도의 가구를 놓기는 어려웠다. 우리는 일일이 도면을 그려 가구를 짜 넣었고 집과 일체화시켰다. 이런 제약 덕분에 오히려 효율적이고 정갈한 공간을 만들 수 있었다.

일하며 생긴 스트레스를 소비로 치유하던 나는 어쩔 수 없는 공간적 한계에 부딪혀 맥시멈 라이프스타일과 멀어지고 있다. 굳이 사서 간직하는 것은 언제 찾아올지 모를 친구들과 나눌 좋은 술 정도다.

물건을 하나 들일라치면 아내는 말한다.

"우리 집에서는 하나를 사려면 다른 하나를 버려야 해."

이렇게 자의 반, 타의 반으로 비워낸 공간에는 환한 빛과 계절의 변화가 담겨 있다. 한 평 마당은 우리만의 고요함, 때로는 친구들의 북적거림으로 채워진다.

1 리모델링 후 재탄생한 집의 외관. 2 낮은 담장 위로 펼쳐지는 하늘이 마치 드넓은 바다처럼 느껴진다. 3 대청마루 격인 거실 앞에 마련한 작은 툇마루. 이 집의 정체성이 곳곳에 자리한다.

1	2
3	4

1 식사부터 여가 생활, 모임 등 다양한 이벤트의 무대가 되는 거실.　**2** 수납부터 공간 구획, 빔 스크린으로도 기능하는 드레스룸. 작은 집에는 이처럼 공간 활용도를 높이는 계획이 꼭 필요하다.　**3** 상부 창으로 드는 빛으로 밝게 물든 주방의 싱크대 앞으로 마당이 내다보인다.　**4** 단 차이로 구분한 침실엔 문이 없다.

생활 중간보고서

이 집을 장만하는 데 든 비용은 3억 7천 6백만 원 정도다. 땅과 집을 사는데 2억 6천만 원, 공사에 7천만 원이 들었고, 이후 이 집이 점유하던 땅 2평을 4천 6백만 원에 취득했다. 처음 집을 살 때는 13평의 땅이었지만, 알고 보니 인접한 국공유지 2평을 점유하고 있었다. 처음에는 매년 토지 사용 비용을 냈고, 몇 년 후 캠코(국유재산을 전담하는 공사)에 요청해 그 땅을 샀다.

공사비도 약 2천만 원 정도 더 든 셈이다. 시공사에 요청한 개략 견적을 기준으로 예산을 잡았던 것이라 최소 비용으로 계산됐고, 후에 가구나 창호 등의 공사가 추가 혹은 변경된 내용도 있었다. 공사 기간이 예상보다 두 달 정도 길어지면서 인건비도 늘었다. 하지만 비용 문제로 원하는 것을 만들지 못한 부분은 없다.

묘한 불안감이 있던 세입자 시절과 달리, 내 집에서의 생활은 여러 면에서 만족스럽다. 지금 누리는 생활 공간은 물론이고 살면서 소소하게 이곳저곳 고치고 손보고 사는 즐거움이 있다.

"우리가 어쩌다가 집을 사서 고치게 됐지?"

아내에겐 건축가로서 새로운 공간을 만들었던 시간, 누군가가 취향껏 꾸며 놓은 공간에 머물렀던 경험이 자양분이 되었다. 자신의 공간을 정성스레 가꾸는 사람들. 아내는 그들처럼 우리만의 감성이 온전히 느껴지는 공간을 만들어보고 싶었다고 한다.

결과적으로 이 집을 처음 봤을 때 구상한 모습과 실제가 크게 다르지 않다는 점도 꽤 즐겁다. 처음엔 옥상에 텃밭을 만들까 했지만 막상 올라가 보니 풍경이 예쁘지 않았다. 더구나 계단까지 만들려면 일이 너무 많아져 구상을 변경했다. 거실을 크게 하고, 대청마루를 만들어 마당과 이어주고 화장실은 저 위치에 두자…. 이런저런 생각을 했었는데, 가장 중요한 요소가 실현되었다는 것은 건축가로서 자부심을 느끼게 한다. 모르는 사람이 보면 새로 지은 집이라고 생각할 정도다.

생활하다 보니 집을 지을 당시 놓친 아쉬운 점도 몇 가지 있다. 우선 예상치 못하게 전기 접지에 사소한 문제가 있어 불편함을 겪었다. 기존 집이 오래된 주택이라 접지 처리가 미비했던 점을 고려하지 못한 채 전기 공사를 했고, 그 사실을 나중에 알았다. 처음에는 주방 싱크대의 스테인리스 상판과 인덕션에 누전이 있었고, 사고가 날까 봐 매우 불안했다. 마감 전체를 뜯을 수는 없는 상황이라 제일 전기가 많이 흐르는 인덕션 전기만 추가로 선을 연결해 땅에 접지봉을 박아두는 상태로 대응했다. 그래서 아직 전기가 흐르는 곳이 좀 있고, 접지 기능이 있는 멀티탭을 구매해서 사용하고 있다. 오래된 주택에서는 접지 공사를 꼭 확인해야 된다는 것을 깨달았다.

또 하나 예상 밖의 문제는 보일러에서 터졌다. 보일러는 기존 집처럼 외부에 설치했는데, 단열에 좀 더 신경을 써야 한다는 점을 알았다. 배관을 충분히 감쌌고 보일러실 문이 있어 안심했는데 간혹 한파가 몰아치면 배관이 얼기도 한다.

첫 집에서 곰팡이 때문에 굉장히 고생한 터라 단열에 특별히 공을 들였다. 비싼 단열재를 사용하고 조적 사이에 우레탄 폼을 충전해 품질을 꽤 높인 덕에 치명적인 문제는 없었다. 그 외에도 아파트에선 경험해 보지 못한 부분도 있다. 정화조가 집 외부에 분리되어 있는데, 안내문이 오면 1~2년에 한 번씩 청소해 주어야 한다.

많은 집이 그렇듯 우리 집도 지붕 공사 후 물이 샜다. 처음에는 몇 곳에 코킹만 씌우는 정도로 손을 봤다. 그래도 해결되지 않아 결국 기와 자재를 몇 개 뜯고 다시 공사했다. 반장님 말로는 지금 비가 새는 게 오히려 낫다고 했다. 그 말대로 입주 전이라 다행이었다. 입주 후에 문제가 발생했다면 곤란할 뻔했다.

또 다른 집을 꿈꾸며

지금은 너무나 만족스럽게 이 공간에서 하루하루를 보낸다. 친구들도 이 집에서 즐거움을 나눈다. 하지만 좀 더 넓은 공간이면 좋았겠다는 아쉬움이 남는다. 땅이 5평만 더 컸다면 좋았을 것 같고, 다시 집을 짓는 다면 땅이 20평 이상은 되었으면 한다. 그래야 다양한 시도를 할 수 있을 듯하다.

집을 지을 당시보다 부동산 가격이 꽤나 올랐다. 간혹 훨씬 높은 값에 집을 사겠다는 제안이 오기도 한다. 아마 여러 필지를 모아 빌라를 지으려는 계획이었던 것 같다. 하지만 이 집에 너무 많은 애정을 쏟아서 아직은 떠나고 싶지 않고, 동네도 마음에 든다. 하지만 아이가 생기면 지금보다 넓은 공간이 필요할 테니 언젠가는 같은 동네에 더 큰 집을 마련하고 싶다. 요즘 효창동에는 젊은 사람도 많이 모이고, 조용한 동네의 진가를 알아보는 사람이 점점 늘고 있다. 그래서 올라버린 땅값을 생각하면 더 큰 땅을 마련할 가능성은 미지수다.

집을 지으면 10년 늙는다는데, 아내는 건축가로서 직접 집을 설계하고 시공하니 재밌었다고 한다. 공사 현장은 시끄럽고 먼지도 날리다 보니 민원이 끊이지 않는다. 작고 조용한 동네라 주변 민원 업무가 공사 현장 관리만큼 중요했다. 주로 소음, 청소, 주차에 대해 불편함을 느낄 수 있으니 그만큼 동네 주민에게 잘 보여야 했다. 이웃이 지나가면 열심히 인사하고, 시끄러운 공사가 있으면 주변에 양해를 구했다. 공사 차량이 들어와 동네가 지저분해졌다는 이야기에 동네 물청소도 말끔하게 했다.

마당을 향해 열려 공간이 넓어 보이게 하는 폴딩 도어는 우리 집에서 가장 많은 금액을 투자한 요소다. 그런데 해를 넘기며 기밀성이 점차 낮아져 우려스럽다. 기밀 성능만 생각한다면 삼중 유리라는 선택지도 있었다. 하지만 높은 가격도 문제였고, 여닫는 것이 목적인데 문이 너무 무거우면 사용이 불편해 이중 유리를 택했다.

대청마루인 거실에 누워 서까래만 보고 있어도 마음이 차분하고 여유로워진다. 서까래와 그 뒤로 펼쳐지는 작은 마당과 하늘은 표현하기 어려울 정도로 근사한데, 나름의 수고를 거친 이 집의 보물이다. 서까래를 해체하면 일이 너무 커지기 때문에 도장만 다시 하려고 서까래 깎기를 진행했다. 천장에 매달린 부재를 일일이 실내에서 깎아야 하니 힘든 자세에 작업은 더디고, 분진이 엄청 나 작업자와 아내의 얼굴에도 먼지가 가득했다.

그러던 중 매우 흥미로운 점을 발견했다. 공간마다 나무의 모습이 조금씩 달랐다. 과거 대청으로 사용했음직한 부분은 서까래 나무가 더 두껍고 색이 칠해져 있었다. 방이었던 곳은 나무가 얇고 껍질도 벗겨지지 않은 상태였다. 작은 집이지만 공간의 중요도와 성격에 따라 다른 부재를 사용했음을 알 수 있었다. 옛집에 숨겨진 비밀을 하나씩 찾아내는 일에 가슴이 설레었다. 여기서 발견한 집의 보물과 아쉬운 점들은 언젠가 큰 땅을 만난다면 새롭게 적용해 볼 수 있을지도 모르겠다.

1 깎고 다듬어 새 삶을 얻은 서까래. **2** 때에 따라 다양한 모습으로 바뀌는 거실. **3** 높은 창으로 들어온 자연광에 따뜻하게 물든 주방. **4** 수납공간 이자 스크린이 되는 벽.

1
2

1 마당을 향해 트인 창이 주방에 바깥 바람과 빛을 들인다. 2 해가 지고 나면 다른 매력을 뽐내는 한 평 마당.

또 다른 나의 발견

새 집에서 이전엔 몰랐던 새로운 나의 모습을 발견했다. 마당이 있어서 일까? 다른 곳에서는 느끼기 어려운 분위기와 공간 때문일까? 이전에는 그다지 좋아하지 않는다고 생각했던, 누군가를 초대해 함께 식사하고 이야기 나누는 일을 즐거워하는 내 모습을 마주하게 됐다. 여럿이 좁은 공간에 부대끼고 복닥거리고, 함께 있는 게 불편하지 않다. 종종 이야기가 길어지고 밤이 깊으면 손님이 자고 가는 일이 있다. 그렇대도 문이 없어 활짝 열린 침실이 신경 쓰이진 않는다.

눈 내린 아침이면 한 뼘 떨어진 대문 너머로 빗자루 소리가 부산하다. 동네 사람들이 약속이라도 한 듯 골목의 눈을 함께 치우기 때문이다. 늦잠이라도 자면 공연히 민폐를 끼친 것 같아 죄송한 마음이 든다. 결혼 전에는 부모님과 죽전, 분당의 아파트에 살았던 터라 신도시의 생활과 환경이 익숙한 것도 사실이다. 그렇지만 함께 눈을 치우고 먹거리도 나누고 서로의 집을 오가는 생활에 스스럼없어진 우리를 발견했다.

집을 짓고 나서 우리는 각자 새로운 즐거움을 찾아냈고, 소박한 바람이 생겼다. 우리 집을 찾고 아끼는 이들의 모습을 본 아내는, 이제껏 막연하게 품어왔던 생각을 구체화했다.

"사람들이 머무를 수 있는 다양한 프로그램의 공간을 만들고 싶어."

아내의 바람이자 계획이다.

"서점, 스테이, 공유 오피스, 주거, 카페, 바처럼 함께 사용할 수 있는 여러 프로그램 중 무언가를 만들면 어떨까? 좋은 장소를 찾아서 내가 좋아하는 취향이 가득 담긴 공간을 계획해 보고 싶어."

아내는 평소에도 지방의 조용한 북 스테이를 찾아다니곤 했는데 이번 경험이 평소 취향과 본인의 전문성을 결합할 수 있는 프로젝트에 확신을 준 듯하다.

"위치는 남해일 수도, 서울이나 지방 어디일 수도 있을 것 같아. 서울에선 비용 때문에 현실적인 어려움이 있으려나? 아직 어디에 뭘 해야 할지 정해진 건 없지만 말야."

우리의 집 짓기는 아내에게 둘만의 공간 만들기를 넘어 더 확장된 앞날을 꿈꾸게 했다.

내가 발견한 즐거움은 또 다르다. 요즘은 집과 두 사무실을 오가며 생활한다. 즉 내 생활 거점은 세 곳이다. 숭례문 근처 직장에서 퇴근하면 저녁에 아내의 사무실로 간다. 거기에선 다른 일이나 내 생활을 하며 시간을 보낸다. 밤이 되면 둘이 손을 잡고 걸어서 집으로 돌아온다. 사무실, 집, 또 다른 생활 거점…. 거대 도시 속에 도보로 연결되는 나만의 공간 네트워크를 구축해 여러 공간에서 생활하는 재미를 누린다.

월세가 크게 부담되지 않는다면 도시 여러 곳에 다양한 거점을 만들어 놓고 옮겨 가면서 생활하는 것도 즐거울 듯하다. 한곳에 40~50평되는 집을 장만하는 것보단 10평짜리 공간 네 개를 다른 근거지에 연결되도록 마련하는 식으로. 그만큼 내 생활은 다채로워질 것이다.

물론 집을 짓자면 땅 크기가 매우 중요하다는 점을 깨달았기 때문에 같은 크기의 땅이 또 주어진다면 집을 짓지는 않을 것이다. 하지만 바로 이 땅이라면 우리는 다시 집을 지을 것 같다.

뭐니 뭐니 해도 이 집의 성공 요인은 한 뼘의 마당이다. 마당이 있는 집에 산다는 것은 다른 주거 유형에서는 느낄 수 없는 만족감을 준다. 빛이 들고, 멍 때리며 시간을 보내고, 하늘이 바로 보이고, 계절감이 피부로 느껴져 좋다. 우리 집이 궁금해 놀러 온 지인이 이 집에 사는 느낌을 묻자 아내는 이야기한다.

"마당이 있으면 내 소유의 하늘과 땅이 생기잖아요. 크기는 작아도 무척 크게 느껴져요."

"여기 앉아서 멍 때리고, 불 피우고…. 한 평이어도 재밌게 노는 생활이 즐거워요. 음악도 틀고."

나도 덧붙인다.

효창공원 옆으로 온 것도, 작은 마당이나마 가지려 한 것도 결국은 자연이 우리에게 주는 힘을 체감했기 때문이다. 공원 근처에만 있어도, 작은 마당 하나만 있어도 살아가는 데 상당한 위안이 된다.

세상에 하나뿐인 독특한 공간이 집 곳곳에 가득 숨어있지만 그래도 역시, 이 집의 주연은 마당이다.

1,2 좁은 공간이지만, 우리는 마당에 피운 불 앞에 모여 소중한 시간을 나눈다. 우리만의 공간을 넘어선다. **3** 서울 오래된 동네에 고요히 자리한 한 평 마당 집.

2 한 바구니에 담은 봄날의 행복

아내(동화 일러스트레이터) + 남편(상업사진작가)
+ 아들(17) + 딸(7) + 할머니

주택 생활 8년 차

#경기 하남시　　　　　　　#직주일체

　　　　　　#신도시 단독주택

　　　#커리어와 가정

　　　　#필요에 맞춘 공간

일요일 아침의 공중부양

직장이 집과 함께 있으니 출퇴근 부담은 없지만 그래도 주말 아침은 평소보다 한결 여유롭다. 주말은 공기마저 다르지 않은가. 아이들도 학교에 가지 않으니 나 또한 서두를 필요가 없다. 가족이 다 같이 식탁에 모여 밝은 햇살 속에 아침 겸 점심을 먹은 후 각자 자신의 공간으로 돌아갔고, 나는 느긋하게 커피까지 즐겼다.

이제 슬슬 식탁을 정리하고 설거지를 시작하려는 참이다. 싱크대 앞 창밖으로 반가운 얼굴이 손을 흔들며 인사를 건넨다. 동네에서 항상 만나는 건넛집 이웃이다. 야구모자를 뒤로 돌려 쓴 채 손에는 무언가를 들고 있다. 당연히 나도 반가운 얼굴로 손을 흔들고 인사를 보냈다. 날씨가 좋아서인가? 표정이 꽤 즐거워 보인다.

잠깐, 그런데 말이다…. 이건 뭐지? 우리 집 거실은 2층에 있다. 땅에서 2층 바닥까지 높이가 적어도 4m는 될 테고, 2층 바닥에서 다시 창문이 1m쯤 위에 있다면, 최소한 5m 높이인데, 어떻게 창밖에서 인사할 수 있는 거지? 당황, 당혹을 넘어 두려움을 느낀 나는 급히 창문을 열었다.

"아니, 도대체 거기서 뭐 하세요?"

"안녕하세요. 이제 식사 마치셨나 봐요. 놀라셨어요? 하하. 일요일이라 창을 닦으면 좋을 것 같아서요."

"깜짝 놀랐어요! 공중에 떠 있는 줄 알았지 뭐예요. 그런데 저희 집 창을 닦아주시려고요?"

"네. 조금 전에 저희 집 창을 닦았거든요. 닦는 김에 같이 닦으면 좋을 것 같아서요."

"너무 감사해요! 안 그래도 창 닦기가 어려워 답답했거든요."

"형님도 아래서 도와주고 계세요. 말끔하게 닦아 드릴게요!"

창밖을 내다보니 옆집 아빠는 높은 사다리를 올라 우리 집 주방과 거실 유리창을 닦아주고 있었다. 이 동네 단독주택은 주로 2~3층 규모인데, 관리 사무소가 없다 보니 어느 집이든 지저분한 창을 스스로 닦고 해결해야 하는 문제가 생긴다. 집 관리에 열성적인 이웃들은 주기적으로 창을 청소하는데, 이웃집 아빠가 일요일 아침부터 부지런하게 이 집 저 집을 돌보고 있었다.

우리 집과 옆집 아이들이 함께 뛰어놀고, 엄마 아빠들도 스스럼없이 편하게 어울리는 생활을 한 지 벌써 7년째다. 집을 짓고 몇 년이 지나니 얼룩진 유리창이 답답했는데, 주말 아침에 상상도 못한 선물을 받게 되다니! 내 마음을 이보다 환하게 밝혀줄 선물을 찾기는 힘들다.

아파트와 강남 직장을 떠나 이사 온 후 우리 가족의 일상에는 이처럼 예상 밖의 이벤트와 소소한 즐거움이 시시때때로 등장한다. 아이들 만큼 어른들에게도 동네에서의 일상이 생동감 있고 분주하다.

달걀은 모두 한 바구니에

우리 가족의 경험에 따르면 달걀을 한 바구니에 담지 말라는 이야기는 틀렸다. 집과 일터, 만남과 휴식의 공간, 동네 아이들의 놀이터이자 성장의 공간을 모두 합쳤더니 기존과 전혀 다른 풍성한 삶이 펼쳐졌다. 적어도 주택과 일자리에 관해서는 한 바구니에 담는 게 우리에겐 정답이었다.

미사로 이사를 와야겠다고 결심한 건, 지금은 아빠보다도 훌쩍 커버린 아들이 9년 전 초등학교에 들어가면서부터다. 당시 나와 남편의 일터는 삼성동과 압구정동으로 강남에 있었고, 집은 남양주 다산 신도시에 있는 주상복합 아파트였다. 같은 건물에 대형마트까지 있어 주말에는 모든 것을 한 장소에서 해결할 수 있었다. 밖에 나가지 않는 날도 있을 정도로 매우 편리했다.

당시엔 아이가 첫째뿐이었는데, 학교에 들어가기 전까지는 어머니가 육아를 도와주신 덕에 비교적 어려움이 덜했다. 아이가 초등학교에 들어갈 즈음 상황이 달라졌다. 집과 회사는 40분 거리였는데, 출근했다가도 아이를 챙기러 집에 다녀와야 하는 일이 잦아졌다. 일을 덜 할 수도 없었지만, 그렇다고 아이를 소홀히 할 수는 더욱 없었다.

체력도 시간도 부족한 힘든 나날이 이어졌다. 상황이 지속되자 결혼 전 남편과 나누었던 삶에 대한 구상이 머릿속에 떠올랐다.

"우리, 집을 짓고 작업실을 함께 만들면 어떨까?"

남편에게 물었다.

"지금 일하는 사무실은 정리하고 각자의 작업 공간이 있는 주택을 짓자는 거지? 일하면서 금성이도 함께 돌볼 수 있게."

"응. 지금처럼 직장과 집을 몇 번씩 왔다 갔다 하는 건 너무 소모적이야. 힘도 들고."

"하긴, 그렇게 하면 아이 학교생활도 훨씬 잘 챙겨줄 수 있고, 가족이 같이 보내는 시간도 더 많아지겠다. 출퇴근 시간도 줄겠네."

"우리 연애할 때 지하엔 각자의 작업실, 1층엔 카페가 있고, 위층엔 거주 공간이 있는 집에 살면 좋을 것 같다고 했었잖아. 기억나지? 그렇게 살 수 있지 않을까?"

9년간 서로를 알아가며, 우리는 함께하게 될 삶의 모습에 대해 자주 이야기했다. 결혼 전의 막연한 바람이 현실적인 상황을 만나자 집 짓기 프로젝트에 속도가 붙기 시작했다. 여느 직장인과 달리 회사에 묶여 있지 않은 우리의 직업적 특성이 굉장한 장점이었다. 프리랜서라고 터전을 옮기기가 마냥 쉬운 것은 아니다. 당시 각자 사무실에는 신뢰 관계가 두터운 여러 클라이언트가 있었다. 열심히 일해 어렵게 일군 터전인데 서울을 떠나면 그간의 관계를 유지하기가 어려웠다. 하지만 아이와 일에 전념하지 못하는 상황은 바람직하지도, 지속 가능하지도 않았다. 결단을 내려야 했다. 그래, 일터와 집을 합치기 위한 땅을 찾아보자!

우연을 가장한 필연?

당시 살던 남양주시에서 적절한 땅을 알아보기 시작했다. 그러다 아이의 교육 환경을 생각하니 판교로 마음이 기울었다. 이미 수많은 단독주택이 들어선 판교에는 빈 땅이 그리 많지 않았고 토지 가격 또한 매우 비쌌다. 기존 집을 활용해 땅을 사려던 상황이라 판교의 땅값을 치르기에는 여력이 부족했다. 그래도 찾아보니 좀 작은 땅이 눈에 들어왔다.

낙생초등학교 앞의 땅이었는데 이미 집이 지어진 상태였다. 무리를 해서라도 계약할까 싶은 생각이 크게 들었다. 그런데 땅이 작고 비탈진 데다 향마저 좋지 않은 점이 아무래도 마음에 걸렸다. 우리가 결혼 전부터 모은 전재산을 할애해 짓는 집이니 신중해야 할 듯해 다른 곳을 한번 물색해 보기로 했다. 당시 한참 조성 중이던 위례 신도시로 가려던 참에 근처인 하남 미사도 들러 보았다. 별다른 기대는 없었다.

하남에 와보니 대부분 공터고 집은 보이지 않았다. 근처 부동산에 들러 혹시 이 부근의 땅을 파는지 물어봤다. 당시에는 이곳에 스타필드가 들어오는지도 모를 정도로 이 동네를 잘 몰랐다. 다만 조정경기장이 있고 근처에 예쁜 공원이 있어 주거 환경으로 좋겠다는 생각이 들었다. 마침 매물로 나온 땅은 남서쪽으로 보행자 전용로, 북서쪽으로 동네 도로와 면하는 곳이었다.

"이 땅은 앞쪽 보행로가 녹지처럼 넓고 나무도 있어서 항상 해가 들고 조용하겠다. 이웃집과 거리가 있으니까 답답하게 시야를 가리지도 않고."

남편이 얘기했다.

"그러게, 북서쪽도 도로라 옆면도 열려 있네."

내가 봐도 집을 지었을 때 통풍이 잘 되고 채광도 좋은 환경이 될 것 같았다.

"집 앞 보행로에 나무가 자라면 창밖으로 언제나 녹음을 느낄 수 있겠는데?"

내가 덧붙였다.

"면적도 75.6평(약 250㎡)이야. 우리가 판교에서 봤던 집에 비하면 훨씬 넓어."

"그러게, 모양도 반듯하니 잘생긴 땅이고. 이 정도면 우리가 원하는 주거 공간과 업무 공간을 다 넣을 수 있을 것 같은데!"

"서울이랑 거리도 적당해서 클라이언트와 관계를 유지하거나 일을 하기에도 괜찮을 것 같아."

토지 가격은 6억 8천만 원 정도였다. 단독주택지역의 세대수는 도시계획으로 정해지는데 이 땅은 다섯 세대를 지을 수 있었다. 남양주의 집을 팔면 비용도 어느 정도 마련할 수 있을 것 같았다.

"이 땅으로 할까?"

"응, 바로 이 땅이야!"

서로를 바라보며 웃었다.

바라던 땅을 찾았다는 생각에 바로 계약했다. 2015년 봄의 일이다.

준공한 직후 집의 모습. 가족의 생활공간이면서 남편과 나의 작업 공간을 함께 담고 있다. 모던하고 정갈한 매스와 창 디자인에 어울리도록 재료도 직접 골랐다.

즐거운 기다림

집을 실제로 짓기 시작한 2017년 봄까지, 우리는 약 2년을 기다려야 했다. 기다리는 시간이 길게 느껴지진 않았다. 그동안 좋은 건축가를 여럿 만나면서 집에 대해 충분히 고민도 하고, 건축비를 열심히 모으기도 했다. 기분 좋은 기다림이었다.

총 여섯 명의 건축가를 만났다. 다들 진지하게 고민하고 멋진 건축적 제안을 들려주었다. 한번은 EBS 건축가 프로그램에 나오는 유명한 건축가를 찾아가 상의하기도 했다. 의욕적으로 새로운 주거 환경을 만들려는 우리를 좋게 본 건축가가 상황을 고려해 설계 금액도 합리적으로 제안했다. 남편과 나는 원하는 집의 상이 꽤 구체적인 편이었다. 디자인 성향은 우리와 맞았지만 결국 본격적인 설계 의뢰로 연결되지는 않았다.

우리는 중정을 중심으로 내부 공간을 열고 외부는 어느 정도 차단이 가능한 건축적 형태를 바랐다. 우리가 땅을 물색했던 판교 부근에 이런 유형의 주택을 여럿 설계한 건축가가 있어 만나보기도 했다. 건축 스타일이 우리의 바람과 가장 가까웠다. 그러나 설계비가 상당히 비쌌고 그 안을 구현하기 위한 시공비에도 적잖은 지출이 예상됐다. 예산을 감당하기 어려웠다.

그 외에도 독일 유학을 막 끝마친 젊은 건축가를 만났다. 포트폴리오를 위한 작품으로 설계할 열의를 가지고, 우리의 재정 여건을 고려해 3천만 원이라는 비교적 낮은 설계비를 제안하기도 했다.

이후 조성욱 건축가를 만났다. 우리의 요청과 아이디어를 세심하게 듣고 반영해 주었다. 건축설계에 총 8개월이 걸렸는데, 함께 이야기를 나누고 문제점을 풀어나가는 과정이 꽤나 재밌었다. 다양한 건축가와 여러 가지 이야기, 구상을 나눈 경험은 실제 설계 단계에서의 소통에 꽤 도움이 됐다. 오랜 기간 공을 들인 덕분에 만족스러운 결과를 얻었다. 설계비는 주변 집들에 비하면 높은 5천만 원이었고, 별도 감리비가 1천만 원이었다.

좋은 집을 짓고 싶다면 여러 건축가를 만나 충분한 이야기를 나누고 발전시키는 것이 중요하다. 훌륭한 건축가가 설계해도 자신이 원하는 공간 구성이나 디자인 방향과 맞지 않는 경우는 얼마든지 있을 수 있다. 유명 디자이너가 만든 옷이라 해도 내 몸에 맞지 않거나 어색하고 불편할 수 있는 것과 마찬가지다. 그러니 결국 그 집에 살게 될 나의 이야기를 잘 듣고 알맞은 공간을 만들어줄 건축가를 선택하는 것이 좋은 집짓기의 가장 중요한 첫 단추다. 나중에 동네 이웃들에게 들어보니 즐겁고 원만한 설계 과정을 경험한 건 정말 운이 좋은 경우였다.

원칙 세우기

집을 지을 때는 가장 중요한 것부터 원칙을 세워야 한다. 우리는 두 세대가 사는 집을 지어야 했다. 집 전체를 단독으로 쓰기에는 건축비가 부족한 점이 가장 주요한 이유였고, 집 짓기를 계획하던 시점은 둘째 아이가 태어나기 전이라 큰아이가 독립한 후에 쓸 걸 염두해 밑그림을 그렸다.

다음으로 중요한 원칙은 집 안에 괜찮은 업무 공간을 마련해야 한다는 점이었다. 76평 땅, 건폐율 50%, 용적률 200%의 제약 안에서 두 세대를 위한 주택과 더불어 나와 남편의 작업 공간을 마련해야 했다. 지하에 창고 공간을 만들고 이를 우리의 작업실로 활용하기로 했다.

대략적인 요건이 정해졌고, 다음으로는 우리 가족의 삶을 담는 세밀한 기준이 필요했다.

"어머니가 계시니 아무래도 계단이 많으면 안 될 것 같지?"

남편이 말했다.

"응. 나이가 더 드시면 계단 오르내리기가 점점 힘들어질 것 같아. 게다가 우리도 조만간 계단이 부담스러워질지 몰라."

그래서 최대한 층고를 낮추기로 했다. 많은 단독주택이 층고를 높이고 거실 상부를 열어 보이드 공간을 둔다. 하지만 우리 가족에게는 맞지 않는 형태여서 포기했다. 직접 지으니 우리의 필요에 집을 맞춰 지을 수 있는 엄청난 장점이 있다. 이렇게 부부, 아이 한 명, 할머니로 구성된 (이후에 결이가 태어났다) 생활공간과 지하에 마련한 작업실, 임차세대로 구성된 기본 틀을 정했다.

그다음 각 층의 세부적인 공간 구성을 고민했다. 1층은 필로티로 계획해 집을 띄우기로 했다. 작업실에 찾아오는 사람들을 위한 여유로운 주차 공간이 기능적으로 필요하다는 판단 때문이었다. 여기에 계단실이나 작은 공간 정도를 더했다. 2층에는 가족의 공용 공간인 거실과 주방 그리고 할머니 침실을, 3층에는 우리 부부와 금성이를 위한 방 두 개에 가족실, 4층은 계단실과 옥상을 활용한 데크로 채웠다.

어머니의 편안한 생활을 위해 층고를 낮추면서도, 그로 인해 느껴질 수 있는 답답함을 상쇄하는 장치를 계획했다. 2층과 3층에 틈처럼 열린 공간을 만드니 개방감과 재미가 가미됐다. 우리가 직접 고른 조명이 우리 집만의 독특함을 더하며 이 공간을 밝힌다. 시공 단계에서 미리 계획해 둔 위치에 설치할 수 있도록 요청했다.

우리 집은 남서측에, 임차 세대는 동남측을 바라보게 배치했다. 세대별로 각자의 마당을 통해 개별 현관으로 진입한다. 긴 면으로 두 집이 연접한 땅콩주택처럼 보이기도 한다. 임차 목적으로 계획한 세대는 1층부터 옥탑, 옥상 층까지 사용하고 정원은 두 집이 공유한다. 여기까지가 건축 구상 및 설계에 해당한다.

원칙과 공간 구성을 마치자 예산의 우선순위도 정해졌다. 사진 촬영이라는 작업 특성상 높은 층고가 필요한 지하 공간은 최대치인 7m 가까이 땅을 파야 했다. 그러다 보니 지하에만 공사비 3억 원을 지출했고 나머지 금액으로 지상의 두 집을 지어야 하는 상황이 된 것이다. 기존에 운영하는 사무실과 자가인 아파트가 있었지만 집을 지으면서 무엇보다 어려웠던 것은 아무래도 예산 운용이었다.

집을 짓는데 필요한 비용은 크게 땅을 사는 비용과 집을 짓는 공사비로 구성된다. 그 외에 설계비도 있지만 비중은 그리 크지 않다. 우리는 남양주에 살던 아파트를 팔고, 땅을 담보로 대출을 받아 토지 비용과 공사비 일부를 마련했다. 공사 기간 중엔 다른 집에 전세로 거주했고, 입주 시점에 전세 보증금으로 잔금을 치렀다.

집을 짓는 동안 우리는 건축비를 대기 위해 쉼 없이 일했다. 운영하던 사무실, 거주하던 아파트를 처분해 알뜰히 모아도 집을 짓는 덴 어마어마한 비용이 필요했다. 공사비로 대략 8억 원 정도를 지출했다.

남편의 스튜디오와 나의 작업실 그리고 서재로 구성한 지하층. 우리 부부의 일터인 동시에 손님을 맞이하는 응접실이다. 아이들에겐 놀거리가 가득한 아지트이기도 하다.

1
2

1 건축가의 세심한 제안으로 지하층이지만 볕이 들어 산뜻한 서재가 완성되었다.　**2** 이곳으로 이사한 뒤 태어난 딸을 위해 현관 옆에 마련한 놀이방.

| 3 |
| 4 |

3 2층은 거실, 주방, 할머니 침실이 있다. 가구 배치를 최소화해 넓은 생활공간을 확보했다. 층고가 높지 않아 3층까지 개방감을 부여했다. **4** 3층에는 가족실, 아들과 부부 침실이 있다. 가족실 뒤 두 층에 걸쳐 열린 공간이 개방감을 준다.

잘할 것과 나중에 할 것

집 짓기는 결국 비용을 감당할 수 있느냐, 어떻게 마련하느냐가 관건이
다. 비용을 마련해 집을 짓기로 결정했다면 무엇에 집중할지 판단해야
한다. 예산에 구애받지 않는 극소수를 제외하면, 가용 예산이 한정적이
므로 어느 부분에 얼마의 비용을 할당할지 구체적으로 정하는 일은 매
우 중요하다. 우리는 집을 지을 때 비용을 할애할 요소 그리고 나중에 들
여도 될 요소를 구분했다. 설계는 바꿀 수 없으니 좋은 분과 진행해야 하
고, 인테리어는 비용을 줄이고 나중에 업그레이드를 할 생각이었다.

　　연면적을 기준으로 124.9평(약 413㎡)의 집을 지어야 하는 상황에
서, 우리에겐 토지 비용을 제외한 8억 원의 예산이 있었다. 75.6평의 땅
에서 지하 창고로 계획한 면적은 51.7평. 필로티로 계획해 내부 공간이
작은 1층에도 두 세대가 사용할 현관과 계단실 면적으로 12평을 할애했
다. 2~3층은 각각 30, 31평 규모로 두 세대의 거주 공간을 마련하는 동
시에 옥탑과 다락도 지어야 했다.

　　단순히 8억을 124.9평으로 나누면 대략 평당 640만 원이다. 하지만
지하층은 지상층의 두세 배에 달하는 비용이 든다. 시공에서 우리가 가
장 중요하게 생각한 지하 공사에 3억 원을 쓰고 나면, 지상 부분의 공사
를 남은 5억 원으로 해결해야 한다. 게다가 건축법상 건축면적에 포함되
지 않는 옥탑과 다락까지 포함하면 시공 면적은 사실 그보다 넓은 셈이
다. 집을 짓기 위해서는 먼저 개략적으로라도 이와 같은 계산을 거쳐보
는 것이 좋다.

산출한 건축 규모를 기준으로 여러 곳에서 시공비 견적을 받았다. 문의했던 시공사들은 주로 11억~12억 원의 비용을 예상했고 한 곳에서 9억 9천만 원의 견적을 제시했다. 이런, 우리가 가진 돈에서 2억 원이나 부족했다. 직영공사를 하기로 결정한 뒤 건축가가 소개한 시공사와 계약했다.

시공비는 6억 5천만 원에 계약했고 추가로 3천만 원 정도 지출했다. 창호, 마루, 타일과 지하 스튜디오 인테리어인 호리존 등에 약 1억 원 초반 정도의 금액을 별도로 추가 부담했다. 제한된 예산 안에서 가장 신경 쓰고 비용을 많이 투입해야 하는 부분은 지하였다. 살면서 고칠 수 있는 부분은 하나씩 개선하면 될 것 같았다.

좋은 자재를 쓸 돈도 부족하지만, 하자가 있을 수 있으니 바닥재는 고가의 재료를 쓰지 않는 것이 합리적이었다. 조경도 마음에 드는 나무는 상당히 비싸니 일단 준공 때 적당한 것을 심어 둔 후 봄마다 나무를 심어 살면서 가꾸기로 했다. 옥상도 우선 데크만 깔고 살면서 하나씩 만들어갈 계획이었다.

시작은 좋았다. 가장 중요한 지하는 매우 탄탄하게 만들어졌다. 그러나 위층으로 올라올수록 미흡한 부분이 생기기 시작했다. 부족한 건축비 탓에 직영 방식을 택했는데, 역시 건축 경험이 전혀 없는 일반인에겐 만만치 않았다. 설계 단계에서는 건축가와 의사소통하면 되니 큰 난관이 없었지만 시공은 전혀 다른 세계였다. 시공자와의 커뮤니케이션은 상당히 어려웠고, 당연히 감리자가 있었으나 몇몇 곳에 하자가 발견됐다. 감리자가 하루 종일 현장의 전 과정을 감독할 수는 없는 일이다.

입주, 또 다른 시작

땅을 산 뒤 세 번의 설날을 보냈다. 기다림 끝에 2017년 봄날 드디어 사용승인을 받고 내 집에서 살게 되었다. 설렘과 함께 첫발을 내딛는 순간부터 온통 환한 행복만이 가득했다고 말하고 싶지만, 실제로는 그렇지 않았다. 'The end is the beginning is the end'라는 스매싱 펌킨즈Smashing Pumkins의 노래처럼 집 짓기가 끝났구나 싶은 지점에서 다시 또 다른 집 짓기가 시작됐다.

우리가 직영으로 계약한 업체는 작은 회사라 시공 수준이 생각한 만큼 높지 않았다. 하부 골조는 단단했지만 옥상의 콘크리트 접합부에 문제가 있었는지 이후 물이 샜다. 이 동네에서는 너도나도 새는 물이니 나만의 문제는 아니라는 해도, 물 새는 곳을 찾아내기란 쉬운 일이 아니다. 높은 마감 완성도를 담보하는 고가의 시공업체를 쓸 경제적 여건이 아니라면 집 짓기는 도전해선 안 되는 일이라는 생각이 들 정도였다. 임차세대는 2층 주방에 하수가 역류하는 현상이 있어서 골치를 썩었다. 하필 임차세대에 물이 새다니. 내가 불편함을 감내한다고 되는 일이 아니었다.

"한번 큰 그릇에 물을 담아 배수구마다 부어보세요."

지인에게 어려움을 호소하자, 이런저런 집수리에 도움을 주던 소장님이 방법을 알려주었다.

임차인이 이사를 간 후 하수가 내려가는 곳의 바닥을 걷어내고 커다란 그릇에 물을 가득 담아 이곳저곳에 부으니 막힌 파이프 위치를 확인할 수 있었다. 알고 보니 어떤 시공자가 고의로 시멘트를 부어놓았던 것 아닌가! 문제 지점을 찾느라 애는 먹었지만 원인을 알아내자 깔끔하게 해결되었다. 역시 하자를 보수하는 데는 집주인의 집념만 한 처방이 없었다.

한번은 1층 필로티에 작은 문제가 생기기도 했다. 벽을 타고 필로티 천장으로 흐른 물 때문에 천장 마감에 무리가 갔다. 결국 접합부가 벌어졌는데 이러한 수리는 대부분 남편의 몫이다. 주로 물과 연관된 문제지만 크고 작은 하자를 고치느라 상당히 많은 비용이 들었다.

"우리 둘 다 13년째 차를 못 바꾸는 게 모두 하자보수 덕분 아닐까? 하하."

농담 반 진담 반, 나와 남편 사이에 오간 이야기다.

하지만 모든 추가 비용과 입주 이후의 노력이 단순히 하자 때문만은 아니다. 처음부터 제대로 만들 요소와 나중에 살면서 바꿔나갈 요소를 구분해 지었으니 입주와 더불어 집 짓기의 2장이 시작된 것이기도 하다. 우리는 서두르지 않았고 해와 계절이 바뀌는 모습을 따라 집도 조금씩 완성돼 갔다.

그동안 필로티로 대부분 비어 있던 1층 외부 공간은 풍요로운 음지 식물 정원으로 변신했다. 우리 부부가 직접 1층 조경과 옥상정원을 설계하고 시공자에게 의뢰해 완성했다. 깔끔한 매스로 정갈한 느낌을 주는 집의 모습을 감성적으로 보완해 준다. 이전에는 식물에 대한 지식이 별로 없었지만 하나씩 공부해 정성껏 수종을 고르고, 정원을 직접 디자인하고, 꽃과 식물을 심었다.

"혹시 조경가에게 정원 설계를 따로 의뢰하셨어요?"

이웃이 이렇게 물어볼 정도니 꽤 성공한 듯하다.

준공 당시 나무 데크만 있던 옥상에도 작은 나무를 골라 심고, 의자와 소품도 하나씩 고민하며 배치해 편안하고 아늑한 햇살 속 휴식 공간으로 가꿨다. 내 집이니 급하게 서둘 것이 없다. 수년에 걸쳐 1층 외부 공간과 옥상을 꾸미는 데 든 비용만도 6천만 원쯤 되는데, 이는 앞서 얘기한 건축비 외의 추가 지출이다. 조경수는 커다란 배롱나무만 배달받았고, 나머지는 남편이 직접 운반해 심었다. 비용만큼이나 노력도, 시간도 많이 할애한 결과다.

우리 집 계단실은 단순히 옥상과 연결되는 기능적이고 무미건조한 공간이 아니다. 햇빛이 쏟아지는 유리 박스이자, 옥상으로 나가기 전부터 환한 햇살과 풍요로운 공간을 느끼고 잠시 머물 수도 있는 공간이다. 굳이 밖으로 나가지 않아도 펑펑 내리는 흰 눈이나 여름 소나기를 오롯이 감상하고 느낄 수 있다.

두 세대가 함께 사는 집이니 작은 공동체를 이루는 것과 같아서 다른 세대를 배려하며 생활하려 노력한다. 그러다 보니 단독주택이라도 마당에서 바비큐를 하거나 모임 공간으로 쓰는 일은 조심스럽다.

오롯이 우리만의 공간인 옥상은 이런 애로사항의 든든한 대안이다. 이곳을 통해 단독주택의 가장 큰 장점인 내밀한 야외공간을 갖게 됐다. 친구, 친지 간의 모임 공간이자, 우리 가족만의 휴식 공간, 풀 파티, 와인 파티를 위한 장소로 그때그때 변신한다. 물론 왁자지껄한 모임보다는 주로 조용한 휴식이나 남편이 요리 실력을 발휘하는 주말 식사 공간으로 쓰이고, 여름에는 딸 결이의 전용 풀장으로 변신하기도 한다.

옥상정원에 방문한 지인들은 대부분 감탄하는데, 그중 한 친구가 뒤쪽의 거대한 건물을 보고 묻는다.

"여기서 차를 마시거나 바비큐 파티를 하면 정말 근사하겠다. 그런데 저 커다란 건물은 뭐야? 혹시 저쪽 건물에서 내려다보는 위치라 불편하진 않아?"

"아, 지식산업센터 말이구나. 뭐, 보일 수도 있겠지? 그런데 불편하다거나 신경 쓰이진 않아."

"하긴, 어차피 사무실이라 밤이나 주말엔 사람이 없겠구나."

집 안과 밖 그리고 지하층에도 찬찬히 시간을 들여 가꾼 공간이 자리한다. 스튜디오인 지하에는 크고 작은 선큰이 있다. 설계 과정에서 우리가 생각지 못한 부분을 섬세하게 짚어낸 건축가의 제안으로 완성된 공간이다. 지하로 내려가는 계단 공간을 길게 잘라 틈을 내고 남측의 빛을 들인다.

작은 건축 요소 하나를 더하자, 자칫 어둡고 우울할 뻔했던 공간이 아늑하고 따뜻하게 변신했다. 이 공간에도 어떤 색깔을 덧입힐 수 있을까 고민했고, 어울리는 나무와 화분을 두었다. 초록이 어우러진 발코니와 같이 포근하면서 창의적인 작업에 걸맞은 여유 있고 부드러운 공간이다.

대략적인 구조와 공간의 틀은 건축가와 초기에, 나머지 디테일은 살아가면서 차근차근 DIY로 채운 집. 우리 집은 이렇게 두 가지 방식이 만나 지금도 조금씩 변화한다. 이 집은 여전히 '지어지는 중'이다.

처음엔 비어 있었지만 시간을 들여 정성
껏 가꾸고 채워넣은 1층 정원. 하나씩 공
부해 가며 수종을 고르고 직접 디자인한
덕에 무한한 애정이 담겨 있는 공간이다.

지하에도 시간을 들여 가꾼 공간이 자리
한다. 건축가의 제안에서 출발한 외부 공
간 덕에 아늑하고 따뜻한 작업실이 완성
됐다.

1,2 계단실은 단순한 이동 공간이 아니다. 이곳은 빛으로 가득 찬 열린 공간, 재충전의 풍요로운 공간이다. **3** 하나하나 채워 완성한 옥상정원. **4,5** 가족만의 내밀한 휴식 공간.

가장 큰 선물, 이웃

새 보금자리가 일상에 가져온 가장 극적인 변화는 든든한 이웃이다. 엘리베이터에서 짧막한 인사만 나누던 아파트의 생활과는 전혀 다르다. 함께 고생하고 만들고 삶을 공유하는 이웃들이 생겼다! 누수 문제와 같은 주택의 단골 골칫거리도 옆집과 함께 고민하고 해결하니 새삼 그렇게 든든할 수가 없다.

단독주택은 정말 손볼 곳이 많다. 문제가 생겼다고 하나하나 사람을 부르려면 비용도 많이 들거니와 작은 일은 기술자들이 잘 봐주지도 않는다. 이런 상황에서 동네 남편들은 집수리 기술을 하나씩 익히고 함께 집을 돌본다. 힘을 모아 집 안의 소소한 일을 정리하고 뚝딱뚝딱 해결하는 모습이 신기할 정도다. 단독주택이 모인 동네에서는 두레, 품앗이란 정겨운 옛말이 되살아난다. 그렇게 이웃과 맺어진 관계는 매우 돈독하다. 쉽사리 아이를 맡기지 못하는 양육자도 마음 놓고 이 집 저 집 드나드는 아이들을 바라본다. 자연스레 함께 아이를 키우고 집을 돌보는 마을이 된다.

이런 모습은 아이 그리고 부모에게 좋은 추억으로 남는다. 큰아이인 금성이와 친구들의 주요 생활공간도 이 집이다.

"금성이네 모여서 출발하면 되지?"

아이들은 모임이 있으면 약속이라도 한 듯 우리 집에 모인다. 조별 과제 장소는 물론이고, 출발 전 집결지도 자연스레 우리 집이다. 엄마 아빠의 작업실인 지하 스튜디오가 아이들에겐 아지트가 되고, 나에게는 사람을 만나는 응접실로 변신한다. 우리 아이들뿐 아니라 근처 아파트에 사는 아이 친구들에게까지, 소소한 기억 속에 우리 집이 추억의 장소로 자리한다는 사실에 마음이 무척 흐뭇하다.

사람과 집은 함께 변한다

이 집에서 새로운 생활을 시작한 지 7년째에 접어든 지금, 우리의 일상은 정말로 만족스럽다. 이웃, 거주환경, 일과 가족생활의 일체화 모든 것이 마음에 든다. 아직까진 아파트로 돌아갈 일은 전혀 없다고 단언할 수 있지만 초반 적응기인 2년간은 어려움도 컸다.

　　초반에 겪은 고충은 무엇보다 경제적인 부담이었다. 매달 이자를 상환해야 했는데, 강남에 있던 사무실을 닫은 후로 기존 클라이언트들이 유지되지 않았다. 강남에서는 대형 클라이언트와 규모가 꽤 있는 일들을 주로 했다면 이곳으로 터전을 옮긴 후엔 소규모 프로젝트를 많이 하게 됐다. 아이러니하게도 코로나19의 유행으로 온라인 비중이 커진 노동 환경의 변화가 우리에겐 오히려 도움이 되었다. 과도기를 거쳐 최근에는 대기업 프로젝트도 점차 많아지고 있다. 또한 강남의 사무실과는 다른 분위기의 스튜디오도 좋은 반응을 얻고 있다.

　　집 짓는 과정을 묻는 지인에게, 남편은 초반에는 힘든 점도 있었다고 이야기했다.

　　"지금 생각하면 그렇게 많은 금액은 아닐 수도 있는데, 당시는 매달

2백만 원대의 이자를 부담하는 게 꽤 버거워서 스트레스도 상당히 심했어요."

아마 일의 터전을 옮기는 커다란 변화가 동반되는 불확실한 시기여서 그랬을 것이다. 지난 일은 크게 걱정하지 않는 나와 달리 남편은 꼼꼼한 성격이라 더 세심하게 일을 살핀다.

"게다가 처음엔 하나부터 열까지 내 손으로 집을 돌보고 가꿔야 하는 생활이 힘들더라고요. 때로는 집을 짓고 이사 온 게 후회될 정도였다니까요."

아마 오랜 기간 동안 주상복합에 익숙해진 생활 때문일 것이다.

새 땅에 옮겨 심은 묘목이 낯선 환경에 적응하고 견뎌야만 크고 울창한 나무로 자라듯, 우리가 겪은 초기의 시간이 그랬다.

그래서 지금 우리가 울창하고 건장한 나무로 뿌리내리고 자랐냐고 묻는다면, 대답은 '정말 그렇다'이다. 말하자면 아파트는 최적의 빛과 습도를 유지하는 인공 토양이었다. 편안하지만, 성장에 한계가 있는 환경이랄까? 하지만 아파트를 벗어난 우리는 비로소 꽃나무가 드넓은 들판에 깊고 넓게 뿌리내리는 감각을 경험했다. 전과 달리 아주 튼튼하고 아름다운 잎과 꽃을 피운 것만 같다.

"집을 짓고 사는 기분이 어때?"

주변에서 친구들이 때때로 묻는다.

"우리의 집 짓기는 아직도 진행 중이야."

나의 대답이다.

"좀 더 좋은 공간을 갖고 싶어 노력 중이거든."

설명을 덧붙인다.

"이렇게 넓은데, 집이 좁아?"

의아한 질문이 되돌아온다.

"서울이나 대도시랑 비교하면 그렇게 작은 건 아니지. 그래도 각 집은 한 층이 15~16평 정도밖에 안 되거든. 모든 면적을 한 층에 펼쳐놓은 아파트에 비하면 면적이 좁게 느껴지기도 해. 그래서 집을 최대한 넓게 사용하려고 노력 중이야."

"하나씩 짐을 버리고 정리하고 공간을 비우고 있어. 우리 가족이 더 좋아하는 것, 정말 원하는 것들로 채우기 위해서야."

한 번 더 설명을 덧붙여 준다.

"그러고 보니 여기로 이사 오곤 해외여행도 거의 안 가게 됐지?"

남편이 말했다.

"그러게, 갈 필요가 없어졌다는 게 맞는 말 같아. 주상복합에 살 때는 주말이면 주변 아웃렛, 대형마트에 들르고 외식을 했었잖아? 근데 이젠 그런 생활을 거의 하지 않게 되었네. 신기하지?"

"맞아. 아침엔 일찍 일어나게 되고, 풀 뽑고 집 안의 소소한 일들을 돌보다 보면 꽤 바쁘잖아."

"이 집에 온 후 우리 생활이 정말 많이 바뀌었어. 옷 사러 갈 시간마저 없어서 새 옷도 이젠 잘 안 사. 내 집에서 보내는 시간이 너무나 풍요롭기 때문일 거야."

나의 결론이다.

우리 집에는 드레스룸이 없다. 좁은 공간이니 꼭 필요하지 않은 것은 만들지 않았다. 이 집에 맞추기 위해 이사 오며 크게 필요치 않은 물건은 정리했고, 그 생활이 지금까지 유지되고 있다. 자연스레 미니멀 라이프가 시작되었고, 물건이 아닌 공간과 비움이 주는 여유를 알게 되었다. 분주하게 집을 돌보다 보니 기존의 쇼핑, 외식처럼 어찌 보면 수동적이라고 할 수 있는 소비 중심의 생활과는 점점 멀어진다.

그리고 그 시간은 가족, 친구, 가까운 이웃과의 소소한 일상 속 기쁨으로 채워진다. 집에 이사 오고 태어난 결이의 방이 없다는 게 지금 가장 아쉬운 점이긴 하다. 임시로 현관 옆 공간을 아이 놀이방으로 활용하고 있지만 머지않아 결이가 초등학생이 되면 자기만의 침실과 공간이 필요할 테다. 그때는 또 다른 방법을 찾아야 한다는 것이 현재 가장 중요한 숙제다.

"엄마, 뭐해?"

"나 이거 해 줘!"

"엄마, 이것 좀 봐!"

시도 때도 없이 작은 새처럼 우리에게 달려오는 결이.

일하는 엄마에게 이보다 더 좋은 환경은 없다. 전문가로서 내 일을 소홀히 하지 않으면서 아이의 노랫소리를 듣고, 춤추는 모습을 볼 수 있다. 일상 속에 언제나 함께하다 보니 아이들은 엄마가 일을 하는지도 모를 정도다. 결이의 탄생은 어쩌면 이 집이 준 선물이 아닐까?

계단이 있는 집에서 생활하니 결이는 또래에 비해 몸동작이 재빠르고 운동신경도 좋은 편이다. 이 동네 아이들의 특징이다. 벌레도 무서워하지 않고, 자연에 매우 친숙하다. 집을 짓고 나서 여유로운 일상, 가족이 함께하는 생활, 집도 사람도 시간과 함께 풍요롭게 변해가는 자연스러운 모습을 발견했다.

"손볼 곳 없는 집이 오히려 이상한 것 아닌가요? 하하."

이웃과 얼마 전 나눈 이야기다. 언제부턴가 비가 새는 것마저 자연스러운 일로 받아들이게 되었다는 점이 이 모두를 설명하지 않을까?

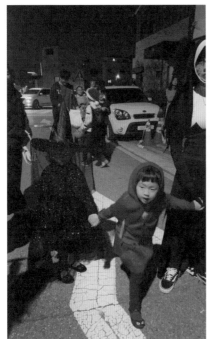

준공 후 시간이 흐르면서 온 가족이 함께 1층 정원을 디자인하고 가꿨다. 집은 점점 풍요로운 모습으로 변해 간다. 지하 작업실도 동네 아이들의 쿠킹 클래스, 모임 장소로 쓰이기도 한다. 항상 빛이 가득한 따뜻한 공간이다.

다음 집을 기약하며

집을 짓고 새로운 삶의 모습을 찾는 과정에서 거의 완전하게 의견이 일치했던 우리 부부는 미래의 주거에 대해서는 약간 의견이 갈린다.

"가능하면 평생 이 집에서 살고 싶어."

남편의 바람이다.

"나는 집을 한 번쯤 더 지어보고 싶은 로망도 있어."

나의 바람은 약간 다르다.

남편은 이야기한다.

"사람이 평생을 살면서 뭔가 하나쯤 남기면 의미가 있을 듯한데 그게 아마 건축물이 아닐까 싶어."

"집을 짓는 소중한 경험이 내 안에 잠자던 건축가의 본능을 일깨운 걸까? 다시 기회를 얻게 된다면 그때는 직접 건축물을 스케치하고 설계도 해 보고 싶어."

사실 지금 집에도 이미 우리의 크고 작은 아이디어와 디테일이 반영되어 있다. 집의 외장재인 모노스틱만 해도 그렇다. 집을 설계할 당시 청담동 퀸마마마켓의 재료가 마음에 들어 건축가분께 제안했던 자재다. 우리의 제안으로 이 집에 처음 사용해 보시곤 이후 건축가분이 선호하는 자재로 작품에 자주 등장한다. 브릭과 같은 재료, 매스, 공간의 형태와 분위기 등 세세한 부분에 대해 우리의 의견이 오롯이 담겨 탄생한 집. 건축의 전 과정을, 일반적인 건축주처럼 멀리서 지켜보지 않고 설계자와 시공자, 하자 보수 전문가의 입장까지 모두 경험했기 때문에 집에 대한 우리의 애정은 좀 더 클지도 모른다.

엄마에겐 아이의 교육이 항상 중요한 요소다. 금성이는 이곳에서 고등학교를 마치겠지만, 한참 어린 결이가 예술적 재능을 펼칠 만한 환경을 마련해 줄 수 있으면 하는 바람이다. 나는 다시 한번 집을 지어보고 싶다. 서울 어딘가, 자연과 어우러진 예쁜 집.

우리에게 다시 아파트로 돌아갈 생각이 있냐고 물으면 전혀 '그렇지 않다'고 답할 것이다. 이 집도 준공 후 토지 공시가가 두 배 정도 올랐지만, 그 시점에 같은 비용으로 아파트를 샀을 때의 시세 차익에는 비할 바가 못 된다는 것을 잘 안다. 하지만 집이 하나인 사람에게 깔고 앉아 사는 돈은 그다지 의미가 없다.

얼마 전 남편과 꽉 막힌 올림픽대로를 지나던 때의 일이다.

"옆 도로 좀 봐. 마이바흐가 아반테와 함께 서 있네."

"길이 막히면 아무리 비싼 차를 타도 전혀 달리지 못하기는 마찬가지야!"

더 비싼 차, 더 비싼 집이라고 우리 인생을 그리 다르게 만들어 주진 않는다는 것을 이 집에 살면서 한 번 더 체감한다. 인생의 행복은 소유하는 부동산 가치가 아니라 나의 하루하루가 펼쳐지는 공간과 시간, 그를 함께 나누는 사람과의 관계 속에 있음을.

1 계단 등의 공간은 콤팩트한 배치, 디자인, 색채, 재료를 적용했다. 남은 공간은 가족의 즐거운 웃음과 활동으로 채워진다.   **2** 둘째 아이에게 집 전체는 커다란 화폭이다.   **3** 오붓하게 모여 앉은 우리 가족.

3 로컬의 선물, 이음과 확장

아내(스페이스닷 대표) + 남편(도시계획학 박사)

주택 생활 6년 차

#강원 강릉시

#한옥 리모델링

#오도이촌(세컨하우스)

#수익형 공유공간

#지역 공동체

이민 가방 네 개

강릉역에서 여유 있게 걸어 15분 남짓이면 도착하는 곳. 1932년에 지어진 한옥을 개조한 스페이스닷 강릉은 나지막한 산자락과 맞닿아 있다. 벽면 전체가 마당 쪽으로 열리는 시원한 창이 자리한 거실. 그 너머 오래된 소나무와 야생화가 어우러진 풍경이 눈을 산뜻하게 한다. 시간의 흔적이 느껴지는 서까래와 목재로 틀이 잡힌 넓고 환한 공간 속에서, 모든 잔걱정은 스르르 녹아버리고 잡생각은 사라진다.

남편과의 대화에선 '이렇게 행복해도 괜찮아?', '이런 호사를 누리고 살 수 있네!'라는 감탄이 자주 오간다. 이 집을 만나기까지 우리는 4년 동안 전국을 찾아다녔다. 첫눈에 집에 반한 만큼 집도 우리를 만난 순간 반가워 하는 듯했다.

이 집에 살게 된 긴 이야기는 8년 전 이민 가방 네 개로 삶을 축약한 작은 사건에서 출발한다. 10여 년간 공공기관에서 일하던 나는 활동적이고 창의적인 일을 하고픈 바람이 생겼다. 박사 과정을 끝낸 남편도 마침 공부를 더 하고 싶어 했다. 그렇게 우리는 20여 년의 서울 생활을 정리하고 캐나다로 유학을 가게 된다. 이민 가방 네 개만 남도록 각자의 묵은 짐을 모두 정리했다. 그때부터 정말 필요한 것들에 집중하는 간결한 삶이 시작되었다.

대문으로 외부와 경계 짓지 않은 모습은 지어진 지 겨우 2년 남짓한 새 집이라
고는 느껴지지 않는다.

돌아오니 집이 없다

밴쿠버 근교의 안정된 동네에 집을 구했다. 대중교통으로 10분 정도면 시내에 도착했고, 인근의 멋진 공원에서 언제든지 휴식을 취할 수도 있었다. 더욱이 가까운 거리에 바다도 있어 풍요로운 자연환경이 생활 속에 늘 함께했다. 낯선 땅에 도착한 우리의 첫 보금자리는 한국의 연립주택을 닮은 3층짜리 건물이었다. 우리가 임대한 1층에는 작은 마당이 딸려 있어 텃밭을 가꾸며 깻잎 같은 야채를 키우곤 했다. 가끔 열매를 따먹던 동네 꼬마들이 귀여웠고 이러한 일상이 즐거웠다.

나와 남편은 대학에 입학하면서 서울살이를 시작했다. 거주환경은 전반적으로 열악했다. 1~2년마다 집을 옮겨야 했고 하숙, 반지하, 기숙사 등 여러 주거 유형을 경험했다. 불안정한 주거는 단순히 쾌적하지 못한 생활환경에서 오는 불편함을 넘어 삶 자체를 정신없고 힘들게 했다.

주거 방랑자로서의 오랜 서울 생활을 뒤로하고 밴쿠버로 오니 집과 주변 환경이 사람에게 주는 커다란 기쁨과 여유, 편안함을 몸소 느꼈다. 밴쿠버에서 지냈던 두 개의 집 모두 근처에 바다와 큰 공원이 있었다. 놀랍고 근원적인 생활의 변화였다.

하지만 캐나다에서의 생활을 마치고 2016년 한국으로 돌아오자…. 이런! 그동안 누렸던 행복의 대가를 치르는지 집값이 너무나 올랐다. 캐나다에서 그랬듯 맘에 드는 동네에 작은 주거를 마련하기란 거의 불가능했다. 들어올 시점에도 이미 치솟은 집값은 그 후로도 하루하루, 아니 매시간이 다르게 미친 듯이 상승했다.

일을 하려면 서울에 머물러야 했지만 집값이 지나치게 비싸고, 서울에서 한두 시간 거리에 집을 얻자니 힘든 출퇴근을 버티기 어려울 것 같았다. 이 총체적 난국을 과연 어떻게 풀어야 할까? 매일 밤, 고민은 깊어졌다.

밴쿠버에 거주할 당시의 동네 풍경. 바다와 공원이 가까이 있어 풍요로운 자연을 만끽했다. 이전에는 경험해 보지 못한 여유로운 생활이었다.

두 개의 바람, 두 개의 공간

이리저리 머리를 굴렸다. 서울에는 일을 위해 최소한의 거처만 마련하자. 그리고 여유로운 주거 환경을 충족하는 집은 다른 지역에 장만하자. 이유는 매우 단순했다. 수도권에서는 주택을 얻을 경제적 여건이 안 됐기 때문이다.

그 시점부터 서울로 철도가 빠르게 연결되는 지방 도시에서 우리가 살 만한 집을 찾기 시작했다. 틈틈이 부동산 사이트를 보고, 주말이면 그 도시를 돌아다녔다. 우리가 편하게 살 만한 작고 편안한 공간. 무엇보다 가용 예산으로 감당할 수 있는 땅과 집을 찾아다니는 여행은 해를 넘겨 계속됐고 어느덧 우리의 주말 취미 활동으로 자리 잡았다.

그렇게 4년쯤 지난 어느 날, 인터넷으로 강릉의 눈에 띄는 땅을 발견했다. 연고는 없지만 10여 년 동안 여름이면 정동진 독립영화제를 관람하러 갔다. 덕분에 상당히 익숙한 도시였고 같은 관심사를 공유하며 활동하는 좋은 친구들도 많았다. 게다가 KTX가 있어 서울로의 접근성도 매우 좋지 않은가. 생각이 여기에 미치자 바로 그 주말에 강릉을 가보기로 했다.

"왠지 훌륭한 땅을 만날 듯한 느낌이 들어서 어젯밤 잠을 설쳤어." 다음날 이른 아침, 강릉으로 향하는 KTX 안에서 남편이 말했다.

"운명적인 땅을 만나려나 봐! 드디어 새로운 삶을 꾸릴 터전을 찾으려나?"

남편의 말에 나도 괜히 설레었다.

원래 우리는 1억~1억 5천만 원 정도의 작은 주택을 찾아 살림집으로 쓸 계획이었다. 하지만 그날 찾은 오래된 한옥은 대지가 250평 정도였다. 규모와 가격이 준비된 예산을 훌쩍 넘었다. 이런, 정말 좋은 땅인데. 이를 어쩐다?

땅을 보자마자 우리는 10여 년 전부터 강릉에 카페를 운영하던 지인을 찾아가 의견을 물었고, 그날 일생일대의 계약을 했다. 생에 처음 대출을 각오한 도전이었다. 캐나다에서 돌아온 지 약 4년이 흐른 시점의 일이다.

부동산을 취득한 2020년 5월. 본격적으로 집을 어떻게 지을지에 대한 고민이 시작됐다. 게다가 예산의 두 배 넘는 금액을 대출까지 잔뜩 받아 땅을 샀으니, 집 지을 비용을 마련해야 하는 고민도 컸다. 결과적으로 우리는 집값의 약 70~80%를 대출로 충당했다. 이렇게 큰 금액의 대출을 받는다는 것은 이 집을 만나기 전까지는 계획에 전혀 없던 일이다. 서울에 사는 동안 둘 다 대출이라고는 받아본 적도 없는 데다 은행에 내는 이자는 매우 아깝다고 생각했다. 그런데 맘에 드는 집을 만나자 이제까지의 생각과는 전혀 다른 선택을 하게 됐다.

본격적으로 넘어야 할 산이 우리 앞에 나타나기 시작했다. 대출을 실행한 순간부터 이자 계산이 시작됐고 리모델링 공사를 하루빨리 진행해야 했다. 결과적으로 집을 산 시점부터 입주까지는 2년이 걸렸다. 매우 길었던 시간과 과정 속에 정신적, 체력적, 경제적 어려움도 점차 가중됐고 '언젠가 끝나긴 하는 걸까'라는 생각마저 들었다.

1	
2	

1 1932년 지어진 한옥의 모습 그대로 기둥, 서까래, 마루, 한식기와, 토벽을 갖고 있다. 4년간 우리는 이 집을 찾아 전국을 헤맸다. 집도 우리를 반가워하는 듯했다.　**2** 오래된 한옥이 주는 공간감에 한눈에 반했다.

오직 '강릉'에서만

"아무래도 공사를 빨리 시작해야겠어."

"그렇게 상태가 불안해?"

"응, 몇 달만 더 두었으면 집이 폭삭 무너질 정도로 위태위태한 상태인 것 같아."

7월 초순의 어느 날. 7년간 비어 있던 집의 상황을 점검하려고 지붕을 일부 뜯어냈다. 이미 내부가 썩고 있어 예상치 못하게 기와를 철거했다. 게다가 겉보기엔 꽤 상태가 좋아 보였던 서까래와 목조 기둥도 여기저기 상한 모습이 보였다. 설상가상으로 하필 그해는 두 달 내내 거의 매일 줄기차게 비가 내렸다.

우리가 이 한옥에서 가장 중요하게 생각했던 건 집의 역사와 가치를 가장 잘 담은 목구조였다. 신축이 아닌 리모델링을 택한 것도 그 때문이었다. 목구조를 보존하는 일이 프로젝트의 핵심인데 기둥이 썩을까 걱정됐고, 빨리 지붕을 만들어야 하는 상황이었다.

"하늘에 구멍 난다는 말이 정말 가능한 건가 봐. 비가 어쩜 이렇게 올 수 있지?"

그해 여름, 나는 수도 없이 이 말을 반복했다.

예기치 못하게 급히 작업을 진행해야 했다.

우리에겐 부동산을 취득하며 결심한 한 가지 원칙이 있었다. 강릉에 새로운 터전을 마련하면서 타지 전문가의 지원 없이 집을 완성하는 게 더 의미 있겠다는 생각이 들었다. 강릉에서 활동하는 업체를 찾아 설

한옥의 목구조를 전면에 드러내기 위한 해체 과정.

계와 시공을 진행하기로 했다. 먼 곳에서 구한 자재를 이곳까지 운송해
오는 방식도 이 집에는 맞지 않는 듯했다. 남편과 나는 동네나 인근 지역
에서 구할 수 있는 재료를 활용해 집을 지어보자며 의기투합했다.

그런데 강릉에서 원하는 설계사무소를 찾는 것은 쉬운 일이 아니
었다. 한 지역 설계사무소와 논의를 하고 계약서를 준비하는 단계까지
나아갔지만, 계약 내용에서 이견이 좁혀지지 않아 더 이상 진전이 어려
웠다. 이미 지붕은 철거했으니 빠른 시일 내에 공사가 시작되지 않으면
집이 망가질 상황이었다. 상황에 떠밀려 결국 남편이 설계를 직접 하게
되었다.

땅을 볼 때 도움을 주었던 지인에게 대목수님을 소개받았다. 오래
된 한옥을 지금과 같은 튼튼한 구조로 재탄생시킨 현장 경험이 많은 베
테랑이다. 하지만 그분은 한옥 목구조 밖에 철골구조를 덧씌워 다락 공
간을 활용하려는 우리의 설계 구상을 달갑지 않게 생각했다.

우리 집은 기존 목구조 건물 앞에 철골구조를 덧대고 같은 규모로
지붕을 바꾸는 대수선을 통해 완성한 집이다. 건축주이자 설계자인 우
리에게도 나름의 근거는 있었다. 다락과 지붕의 하중을 감당하려면 그
만큼 기둥이 굵어져야 했기 때문이다. 기둥이 차지하는 단면적이 넓을
수록 공간 활용의 제약도 커질 테니 철골구조가 적합하다는 판단이었
다. 그러나 대목수님은 이런 구조를 영 탐탁지 않게 여기셨다. 철거부터
완공 단계까지 공사 전반을 부탁할 예정이었지만 결국 목수님은 철거
와 목구조 작업에만 참여하고 이후 과정은 진행하지 않겠다는 의사를
밝혔다. 다시 철골구조 시공자를 찾아야 했다.

더 넓어진, 더 함께하는

언제 썩을지 모르는 목재와 구멍 뚫린 듯 무섭게 쏟아지는 비를 보고 안절부절못하면서, 한편으론 차분한 마음가짐으로 어떤 집을 지을지 구상해야 했다. 애초 우리 부부의 바람은 서울에서 누리기 어려운 따뜻하고 여유 있는 작은 살림집을 찾는 것이었다. 그런데 계획에 없던 큰 규모의 땅을 덜컥 사게 되자 기존에 생각했던 집에 대한 바람이 과연 땅과 어울리는지를 생각해 보게 됐다. 우리 부부의 살림 공간만으로 사용하기에는 과도한 듯했다. 게다가 당시 우리는 서울과 강릉을 오가며 생활하고 있었다.

　땅과 집을 물끄러미 바라보며, 이 집은 둘만의 생활공간보다는 강릉에 애착을 지닌 사람들이 서로 교류하는 장소가 되는 편이 훨씬 어울린다는 생각이 들었다. 강릉을 기반으로 활동하는 창작자와 문화인들, 강릉을 가까이 느끼고 싶은 사람들이 어우러져 생각과 이야기를 나누고 생활과 문화를 공유하는 곳으로 만든다면 이 땅과 집은 더욱 빛날 것 같았다.

　함께 나누는 공간으로 방향을 정하니 재정적 어려움을 해결할 방법도 떠올랐다. 강릉에 땅을 사기 전 여러 지역을 돌아볼 때였다. 맘에 드는 집을 찾게 되면 같이 공간을 마련하자고 이야기한 지인이 있었다. 그들과 얘기를 나누며 땅의 성격, 건축 구상의 전환, 경제적인 상황에 대해 진솔하게 전했다. 오랫동안 생활한 대도시에서 어느 정도 떨어진 곳에 한숨 돌리고 휴식할 수 있는 공간을 마련하고 싶었다며 흔쾌히 비용을 분담하고 공동의 공간을 마련하는 계획에 동참하겠다고 했다.

하지만 주변의 도움은 일을 진행하기 위한 마중물일 뿐이다. 집을 계약한 순간부터 우리는 건축비를 마련하고 대출금 이자와 상환 비용을 확보하기 위해 열심히, 정말 열심히 일했다. 부족한 건축비는 오히려 여러 사람이 매력적인 공간을 함께 마련하고 공유하는 방향으로 집의 성격을 확장시켜 주었다. 이 집은 이제 모두가 함께 누리는 공간이 될 것이다! 주거 공간의 기본 구성인 침실, 거실, 주방, 서재, 욕실, 드레스룸, 팬트리의 조합이 아닌 전혀 다른 공간계획이 시작됐다.

"어떤 공간으로 만들어야 이곳에 오는 사람들이 만족할까?"

"여러 사람이 이용하려면 아마 모여서 의견을 나누기 위한 모임 공간이나 회의실이 가장 필요할 거야."

"일반적인 회의실의 형태도 필요하고, 영화를 보고 이야기 나눌 수 있는 공간은 자유로운 형태와 분위기가 좋을 것 같아."

"그래. 그럼 두 가지 성격의 모임 공간을 중심으로 두고 우리가 거처로 사용하면서 방문하는 사람들도 머물 수 있는 기본적인 주택의 기능도 담아야겠다."

"우리 공간을 창의적 영감이 물씬 떠오르는 공간 플랫폼이라고 정하고, 콘셉트와 분위기에 어울리는 공간을 꾸려보는 거야."

둘이 머리를 맞대고 공간 구상에 관한 이야기를 하나씩 나누었고 대략적인 계획의 방향성을 정했다.

트리플 '어쩌다'

다시 집의 기술적인 탄생 과정으로 돌아가자. 누가 어떤 형태로 사용할지, 구조와 공법, 재료는 무엇을 선택해 최종적으로 어떤 공간을 만들 것인지 결정했다. 그후 집을 짓기 위한 설계 단계로 들어갔다. 아무것도 없는 하얀 종이에 그리는 건축 구상이 아니었다. 마치 3D 퍼즐처럼 그곳에 이미 존재하는 집과 우리의 계획을 하나씩 맞춰가는 세밀한 과정이 필요했다.

결과적으로 이 집에 거주하기까지 거의 2년에 가까운 시간이 걸렸다. 일반적인 주택을 지을 때 특별한 이유가 없다면 소요 기간이 6~8개월 정도인 것과 비교해 오랜 시간이 걸린 셈이다. 건축 과정에서 가장 오래 걸리는 터파기와 기초공사 작업도 없었는데. 이유가 무엇일까?

이 집이 대수선과 약간의 증축을 통해 새로운 삶의 공간으로 재탄생했기 때문이다. 건축법에서 정한 건축 행위(신축·증축·개축·재축·이전 등) 중 하나인 대수선은 내력벽(하중을 받는 벽)을 해체 및 변경하거나 구조적인 역할을 하는 기둥 혹은 보를 세 개 이상 해체·수선·변경하는 상황을 말한다. 이 집은 지붕틀을 변경하고 기둥을 증설하고 내력벽을 변경하는 대수선과 함께 지붕을 23.7m² 증축했다.

기존 집의 구조를 보존하면서 새로운 공간으로 변화시킨다는 건 말처럼 쉬운 일은 아니다. 게다가 오래된 목구조라면 모두 철거하고 신축을 택하는 편이 시간과 비용 측면에서 몇 배는 경제적이다. 하지만 우리는 옛집의 구조를 활용하기로 마음먹었다. 이를 위해 가장 먼저 지붕을 들어내고 노후한 목구조의 제 기능을 되찾아 주어야 했다.

살 때만 해도 집은 낡긴 했지만 주택의 형태를 갖추고 있었다. 지붕을 걷어내고 벽을 철거하니 앙상하게 뼈대만 드러낸 안쓰러운 모습이었다. 공사의 핵심은 노후한 목구조가 다시 단단히 집을 떠받칠 수 있도록 만드는 일이었다. 이를 위해 목조 기둥과 도리, 서까래, 보, 마루 등을 모두 해체했다. 그다음 썩거나 상한 부분을 잘라내고 손질해 다시 원래 위치로 돌려보냈다.

여름내 무섭게 쏟아지던 비가 그친 9월부터 기둥, 보, 서까래, 마루 등 수많은 나무 자재를 하나씩 해체하고 손보기 시작했다. 대목수님은 목구조 자재를 하나하나 정성껏 살핀 후 다듬고, 잘라내고, 연결하여 시간의 흔적이 고스란히 담긴 부재로 재탄생시켰고 해체됐던 집의 틀을 견고하게 세워 주셨다. 서까래와 마루, 창틀 등에 자리 잡고 있던 다른 해체된 목재들은 남편과 내가 하나하나 살펴보고 필요한 경우에는 번호까지 써 붙여 가면서 사포질하고 손보고 다듬었다.

자재들은 다시 집의 천장, 벽, 바닥 등에 조합되어 공간의 틀을 만들고 구획하는 데 사용되었다. 벽면의 보와 마루 이곳저곳에도 오래된 목재 부재가 제자리를 찾아 돌아갔다. 기존의 구조 그대로 새로운 뼈대가 자리 잡았다.

목구조를 손보는 동안 남편은 끊임없이 공간을 구상했다. 긴 직사각형의 기존 한옥에 이를 감싸는 철골구조를 덧붙이기로 했다. 하지만 촉박한 일정 중에 이를 구현해줄 설계 및 시공 파트너를 구하기가 쉽지 않았다. 결국 대학 졸업 후 철골구조를 적용한 현장에서 근무했던 경험을 토대로 남편이 구조까지 직접 설계했고, 서울의 구조 기술사에게 검토받아 구조 도면을 완성했다.

초반에 건축설계에 관해 상의했던 강릉의 건축가가 시공자를 추천해주었다. 그렇게 대목수님과 목구조를 완성하고, 지붕 공정부터는 철골 시공자의 도움을 받은 끝에 공사의 첫 단계를 마무리 지을 수 있었다. 둘이 살 살림집을 마련하려는 작은 바람이 어느 순간 덜컥 실현되는 듯하더니 일이 점점 커졌다. 연구자인 남편은 '어쩌다' 설계자가 되더니 시공자가 되었고 구조와 재료 전문가 역할까지 도맡게 되었다.

기존 한옥 기둥의 썩은 부분은 잘라내고 나무를 덧대 새로운 기둥으로 만들어 활
용했다. 이처럼 부재를 하나하나 손보고 살려내어 집을 짓다 보니 2년이 훌쩍 흘
러갔다.

90살 한옥의 재탄생

스페이스닷 강릉의 등기등록증에 표기된 옛집의 등록일은 1932년 5월
15일이다. 2022년 5월에 이 집에 다시 우리가 거주할 수 있게 됐으니 정
확히 90살이 된 해에 이 집은 다시 태어난 셈이다. 이 집은 어떤 모습으
로 새로운 사람들의 생활을 담게 되었을까?

　기존 한옥의 처마 부분까지 증축해 내부 공간으로 사용하도록 계
획한 이곳 1층은 옛집의 마루와 한옥식 방을 중심으로 나머지 공간이 넓
게 펼쳐지는 구성이다. 사생활 보호가 필요한 욕실과 작은 방 하나는 안
쪽에 배치했다. 여러 사람과 집을 함께 사용하는 상황에서도 거주자의
공간은 구분하기 위한 구조다.

　여러 사람이 모임을 진행하는 거실 공간은 회의실 형태로 만들고
바로 맞은편엔 한식 침실 두 개가 자리한다. 한옥의 보와 기둥이 드러난
붉은 흙벽으로 마감해 회의실과는 사뭇 다른 분위기가 느껴진다. 마루
에서 방으로 연결되는 한옥 구조 그대로다. 방의 벽면은 기존의 한옥식
창 모양과 구조에 맞추어 높은 가로식 창을 계획했다. 찬 공기의 유입을
줄이고 거실 측에서 들어온 따뜻한 공기가 위쪽을 빠져나갈 수 있도록
환기와 프라이버시를 고려했고 동시에 채광과 방 내부로 들어오는 자
연경관을 차분하게 받아들인다.

　거주 공간이기도 하지만 강릉을 사랑하는 사람들이 모이고 교류하
는 지역 문화의 노드(node, 결절점)라는 쓰임새가 이 집의 주안점이므
로 일반 주택과는 다른 공간 구성 그리고 경험을 주어야 했다. 그래서 일

반적인 주택이라면 거실을 거쳐 안쪽에 있을 주방은 현관과 붙여 맞이
공간으로 바깥쪽에 배치했다. 매 끼니 식사를 준비하는 사람에겐 불편
할 수 있지만 이 집은 그와는 다른 쓰임이 있다.

철골구조를 활용해 5.6m의 높은 층고를 자랑하는 주방엔 천창 너
머의 빛이 내리쬔다. 창가의 긴 의자에 앉으면, 적당히 북적이는 작은 카
페에 있는 것처럼 느껴진다. 이런 분위기를 위해 한쪽에 설치한 벽난로
도 제 역할을 톡톡히 한다. 모임에 온 많은 사람이 함께 식사할 수 있도
록 알맞은 크기의 공간을 구획하고 테이블을 여러 개 두었다. 이곳에서
는 목구조, 철골구조, 위층 다락의 모습, 안쪽으로 한옥 구조와 공간이
한눈에 들어온다.

거실 겸 모임 공간을 지나 다락인 2층으로 가기 위해서는 계단 앞
의 긴 전실 공간을 지난다. 이곳은 집을 가로지르는 좁은 골목길처럼 연
출했다. 좁고 높아 긴장감이 느껴지는 이 공간에서는 집의 옆면, 아랫면,
윗면으로 빛의 틈새(슬릿)를 만나게 된다. 일반 한옥에서는 만나기 어
려운 수직적 공간으로 오래된 서까래와 구불구불한 나무 기둥, 하얀 회
벽의 편안한 느낌을 준다.

이곳은 단순 이동만을 위한 공간이 아니라 작은 갤러리이자 서점
이다. 좁고 긴 여러 갈래의 빛을 만나는 정면의 유리문 너머, 상부 창 그
리고 박공지붕에 자리한 천창까지 빛이 들어오는 경로는 다양하다. 길
게 잘라낸 유리 바닥 또한 안에 채워 넣은 콩자갈이 빛을 반사시켜 공간
을 더욱 환하게 밝힌다. 협소한 면적에 비해 색채와 빛은 가장 풍부해서
붉은 흙벽과 대비되는 짙은 녹색으로 벽을 칠했다.

구불구불한 보가 공중을 가로지르는 계단실을 올라 2층으로 올라가면 넓은 다락에 닿는다. 박공지붕 모양을 솔직하게 드러낸 공간이다. 지붕 마감을 해체한 뒤 발견한 여유 공간의 층고를 법적 허용 범위 내에서 최대한으로 활용한 것이다. 1층의 갤러리 겸 복도 공간에 맞춰 넓은 지붕에 긴 천창을 내었고 박공지붕이 만들어낸 세모난 면 전체를 유리창으로 마감해 북측의 산과 주변 경관을 집 안으로 들이고자 했다.

넓고 시원한 다락 중앙에는 스크린을 달아 영화를 보며 이야기를 나눌 수 있도록 하고, 계단실 옆으로 작은 테이블과 소파를 배치해 산과 맞닿은 아늑한 공간을 만들었다. 1층 모임 공간은 좀 더 형식을 갖춘 모습인 데 비해 2층은 어느 저녁 친한 친구나 지인들이 모여 편하게 차나 맥주를 마시거나 담소를 나누며 가까워지는 공간이다.

다양한 성격과 크기의 모임 공간, 작고 아늑한 개인 공간, 하나씩 채우고 만들어가는 여유 있는 마당, 일상적이지 않은 주방과 전이 공간들. 암울했던 일제강점기와 어울리지 않게 산 끝머리 너른 양지에 자리한 집은 오랜 시간 머금은 해풍과 따뜻한 햇살, 향긋한 솔 내음을 담아 새로운 삶의 터전으로 재탄생했다.

현관을 들어서면 식당, 카페, 주방인 공간이 있고, 이를 통해 회의실과 모임 공간으로 들어선다. 내부 곳곳에서 마주하게 되는 옛 한옥의 목구조로 특유의 공간감을 연출하고자 했다. 안쪽으로 들어갈수록 켜켜이 색다른 공간과 재료를 만나게 된다.

1	3
2	4

1,2 회의실. 바닥을 보면 기존 마루를 살려 만든 부분과 새로 설치한 바닥이 색과 재료가 다른 것을 볼 수 있다. **3** 회의실과 연결된 이곳은 침실이나 개인 공간으로 사용된다. 북쪽 창은 높고 길게 만들어 한옥의 공간 구조를 그대로 살렸다. **4** 이곳은 작은 갤러리와 서점을 연상시킨다. 좁은 공간의 폐쇄적 느낌을 줄이기 위해 아래는 하얀 콩자갈과 빛, 옆 창과 천창으로 빛이 들어오는 틈을 만들어 색다른 공간을 연출했다. 1층에서 2층으로의 짧은 여정 사이 잠시 머무는 여행자의 간이역과 같은 느낌이다.

영화 프로듀서인 나를 중심으로 함께 모여 영화를 보고 이야기 나눌 공간을
만들었다. 기존 한옥의 목구조에 철골구조를 덧씌워 넓은 다락을 활용할 수
있는 형태다.

셰익스피어는 말했다. '투쟁이냐 타협이냐'

사느냐, 죽느냐. 안타깝게도 둘 사이에 타협점은 없다. 반쯤은 살면서 약간은 죽어 있다거나, 대부분은 죽었는데 조금 살아 있는 상태? 당연히 있을 수 없다. 집을 짓는 일이 꼭 그렇다. 직영으로 시공했으니, 게다가 주중에는 서울에서 경제활동을 하면서 집은 230km 떨어진 강릉에 지어야 하니 그 과정이 얼마나 길고 험난했을지는 세세한 설명을 하지 않아도 뻔하지 않은가.

집을 지을 때, 특히 건축주 직영으로 시공하는 경우 취할 수 있는 입장은 두 가지다. 시공 품질이 기대에 못 미치더라도 어쩔 수 없이 결과물을 받아들이고 끌려가거나, 애초에 원하는 시공 상태를 요청하고 다 뜯고 다시 하는 한이 있더라도 될 때까지 다시 공사하는 방법이다. 우리는 타협과 투쟁 중 후자를 택했다.

앞서 이야기한 따뜻하고 평화롭고 아늑한 공간은 멀고 험한 투쟁과 눈물 콧물의 산물이다. 2020년 11월에 지붕을 씌웠다. 그후론 바닥과 벽, 창과 문, 계단을 만드는 큰일부터 타일 깔기, 벽 칠하기, 수전과 전등 설치까지 세세한 작업이 이어졌다. 우선은 일할 사람보다 건축 공사가 많은 강릉에서 작업팀을 구하기가 무척 어려웠다. 또한 일반인인 우리로선 어떤 팀이 하자 없이 좋은 작업을 하는지 정보를 알 방법도 없었다.

직영공사다 보니 직접 작업자를 찾고 견적을 받아 몇 명의 작업자가 어떻게 공사하는지 직접 확인하고, 원하는 공사 품질을 위해 관리할 사항을 머릿속에 정리해 두어야 했다. 예를 들어 콘크리트를 붓고 양생

하는 과정에선 직접 콘크리트에 물을 뿌리는 작업까지도 관리하면서 일정 맞추기, 작업자 찾기를 해내고 작업이 끝나는 날 바로 비용을 지급할 수 있도록 현금 흐름도 만들어야 했다.

시공자로서 공사를 진행하는 것은 직접 겪어보면 정말 힘든 일이다. 자재를 찾아왔어도 화물차를 수배하지 못하면 조달받을 수 없다. 게다가 자재를 운반하기 위해 화물차를 사용하는 비용도 만만치 않다. 인터넷에서 찾은 좋은 자재도 막상 구매하려면 국내에는 없는 일도 부지기수다. 설계사무소와 시공업체는 이에 대한 비결이 있지만 개인이 처음 진행하는 일로서는 정말이지 어렵다. 게다가 하나의 공정이 끝나면 품질 검사를 위해 들이는 시간이 있으니 공사 기간은 하염없이 길어진다. 강릉에 계속 거주하는 것도 아닌 우리의 경우는 기간이 더욱 길어질 수밖에 없었다.

가장 어려웠던 것은 천창 시공이었다. 집을 지을 때 여러 사람에게 받은 공통적인 조언이 창호는 좋은 것으로 고르고 단열과 결로에 신경 쓰라는 이야기였다. 그래서 단열재는 추운 겨울날 둘이서 직접 까느라 꼬박 하루를 썼다. 비용을 아끼려는 것도 있었지만 꼼꼼함에 있어서 만큼은 누구도 이 집에 살 집주인을 따라갈 수 없기 때문이다. 조언에 따라 단열 성능이 뛰어난 유리를 써 창호에 원래 예산의 두 배를 할애했다.

그런데 천창은 비용과 정성으로 해결되는 문제가 아니었다. 앞서 말한 대로 이 집은 강릉의 설계, 기술, 자재, 사람으로 만들고자 했다. 그런데 아무리 지역 업체를 찾아봐도 당시에는 천창 작업이 가능한 시공자를 찾을 수가 없었다. 전화상으로는 가능하다고 이야기해도 정작 현장에서 꽤나 높은 천장과 형태를 보고 나면 '다음 주에 합니다~'라는 말을 남기고는 연락이 끊겼다. 결국 창호 시공을 담당한 사장님께 소개받은 원주의 작업팀과 공사를 진행했다.

공사 과정에서 작업 결과가 맘에 들지 않아 작업자들과 마찰이 생기기도 했다. 원하는 결과물을 얻기 위해서는 일일이 간섭하거나 싸우거나 직접 작업하는 수밖에 없다. 지역의 큰 건설사나 설계사무소와 일할 때는 다음 작업을 계속 따내기 위해 요구 사항에 신경 쓰지만, 개인 집을 지을 때는 건축주와 다시 일할 확률이 낮기 때문인지 굳이 공들이기보다는 대충 마무리하는 것이 일반적이다.

이러한 상황을 파악한 남편은 본인이 요구하는 완성도를 명확하게 전달하고 강하게 주장했다. 한편 나는 작업자들의 푸념을 들어주며 간식도 사 가고 달래는 역할을 했다. 시공사에 있던 경험이 노하우로 작용한 것 같다. 남편은 과거의 경험을 통해 굽히지 않고 강하게 계속 밀어붙이다 보면 관계가 깨지기도 하지만 그래도 작업 지시를 일관되게 하면 결과물의 질이 달라진다는 사실을 알고 있었다. 작업자의 입장에서 지시자가, 즉 우리 경우에는 건축주가 애걸복걸하는 캐릭터가 아니라는 판단이 서면 움직이게 되는 메커니즘이다.

일례로 현관과 마주 보는 높은 벽도 이러한 과정을 거쳐 완성됐다. 작업 초반엔 전벽돌의 색상이 디자인과 달라 다시 쌓았다. 그다음엔 기울기가 달라서, 줄눈이 맞지 않아서 재차 작업을 요청했다. 물론 쌓은 벽을 무너뜨리고 다시 쌓으면 추가적인 인건비와 자재비가 발생한다. 하지만 그것이 원하는 집을 짓기 위한 관계 맺기의 방식이다.

문제가 보이는데 껄끄러운 과정이 부담스러워 넘어가면 머지않아 '그거 그때 고칠걸'이라는 부질없는 후회를 하게 된다. 같은 사람이 작업해도 스위치의 위치, 높이, 형태가 들쭉날쭉 비뚠 경우가 있는데 그 상황을 당시에 손보지 못하고 나중에 후회해도 이미 늦었다. 잘못된 시공은 포착한 순간 바로 잡아야 한다.

그렇다 해도 사람이 하는 일인지라 반복되는 상황에 작업자들도, 옆에서 지켜보던 나도 지쳐갔다.

"그 정도면 충분히 괜찮지 않아? 벌써 여러 번 다시 했잖아."

어느 날 남편에게 얘기했다.

"만약 당신이 만드는 작품이라면 스스로 납득이 안 되는데 대충 이 정도면 됐다고 타협할 수 있겠어?"

남편의 대답이었다.

맞다. 내 작품이라면 완벽하게 느껴질 때까지 고치고 또 고칠 것이 분명하다. '대충', '이 정도면'이라는 단어는 내 작업에 적용할 수 없다. 남편도 그럴 것이다. 이후 나는 남편의 작업 방식을 더 이상 의심하지 않았다.

재밌는 것은 작업을 다시 해야 하는 순간에는 작업자들이 기분 나빠하거나 화를 내기도 하지만 좋은 결과물이 나오면 뿌듯해한다는 사실이다. 이렇듯 세세한 부분까지 흘려보내지 않고 작업의 완성도를 좇는 노력이 집 짓기의 만족도를 높인다. 집을 지을 땐 꼼꼼한 감리로 품질이 어느 정도 기준에 부합될 수 있게 하는 것이 필요한데, 안타깝게도 우리나라의 현실은 그렇지 못하다. 우리는 운이 좋았다고 할 수 있다.

직접 디자인한 울타리와 태양광 패널을 설치한 구조물. 가능하면 신·재생에
너지를 활용하고자 했다. 에너지 자립이 가능하고 환경과 공존하는 집, 기후
변화에 대응 가능한 집을 다시 지어보고 싶다.

숙제와 밀린 일 속의 생활은 안녕

드디어 집을 다 지었다. 2020년 9월 건축 공사를 시작해 20개월이 걸렸고, 매입비와 계획에 없던 건축비를 포함한 전체 비용은 애초 예산보다 다섯 배 이상 늘었다. 서울, 강릉을 오가고 좁은 오피스텔에 머물며 현장을 지키고, 밤새워 일하던 긴긴 시간이 지났다. 2022년 5월 드디어 스페이스닷 강릉은 우리의 거처가 됐다.

이제 내 삶이 그전과 얼마나 달라졌는지 이야기하고 싶다. 놀라운 것은 서울에서의 나와 강릉역에 내리는 순간의 내가 달라진다는 것이다. 나의 전혀 다른 페르소나가 등장한다. 강릉역 승강장에 발을 딛는 순간 스무 살 무렵부터 서울에서 공부하고 직장생활을 한, '늘 그러했던 나'는 사라진다.

강릉은 도시 끝에서 끝까지 20분이면 어디든 갈 수 있다. 서울의 보행 생활권 개념이 30분을 기준으로 하는 것과 비교하면 강릉은 말 그대로 도시 전체가 보행 생활권인 셈이다. 이렇게 아기자기한 도시 속에서 친한 이웃, 친구들과 함께 생활한다. 서울에서는 현관문 안쪽의 공간만이 내 집이었다면 이곳에서는 집 앞, 골목을 한참 벗어나 동네와 도시 전체가 내 집의 연장선으로 느껴진다. 그만큼 조심스러움이나 거리낌이 없이 편안하게 느껴진다. 크록스를 신고 동네 친구를 만나러 가거나 점심을 먹고 동네 산책을 가는 일상은 서울에서는 상상도 못 할 일이었다. 나의 관심도 자연히 동네로, 강릉 전체로 넓어졌다.

"이곳에서 새로 시작된 내 삶은 직접 고르고 선택해서 만들어 나가는 생활이야!"

강릉으로 온 뒤 무엇이 달라졌냐는 친구의 질문에 대한 답이다.

"그동안은 주어진 일과 밀린 숙제를 하루하루 해 나가는, 가끔은 '꾸역꾸역'이라는 수식어가 붙기도 하는, 수동적인 삶이라고 느꼈거든."

20여 년간 이어 온 서울 생활을 뒤로하고 터전을 옮기자 오롯이 내가 만들고 사람들과의 관계를 돈독히 구축하는 전혀 다른 삶이 펼쳐진다. 이곳에서는 타인의 삶과 내 생활의 경계가 허물어진다. 함께 사는 삶을, 지역에서 개인의 역할을 고민하게 된다. 이제 나의 앞날에 대한 고민은 주변 사람과 함께하는 모습 혹은 지역의 모습까지 망라한다.

집과 공간이 생기니 기존에 알던 사람과 더 자주 만난다. 그들을 더 잘 알게 되고, 다른 관계로 발전하게 되는 즐거움이 있다. 물론 새로운 사람을 만나는 일도 정말 많다. 새로운 만남은 또 다른 인연으로 이어지고 이는 다른 접점을 만든다. 만약 우리가 이전에 고민했던 강릉 교동의 작은 살림집을 택했다면 같은 강릉을 배경으로 삼았어도 우리 삶이 이렇게나 달라지진 않았을 것이다. 공간이 이만큼 삶에 큰 변화를 불러온다는 사실은 정말 놀랍다.

지금 생활은 행복 그 자체다! 10분이면 강릉 바다가 눈앞에 펼쳐진다. 내 조깅 코스의 배경은 경포호다. 오대산의 짧은 트레킹 코스도 시시때때로 애용한다. 우리는 진심으로 강릉에 오길 잘했다고 자화자찬한다. 지인들도 이 공간에 오면 다들 정말 좋아하고, 부모님도 다른 친구들도 마당의 풀 뽑기 삼매경에 푹 빠졌다. 마음을 나누는 사람들과 맛있는 것을 함께 먹고 하루를 이야기한다. 별것 아닌 듯하지만 즐거운 모임이 계속되는 일상이다.

"이렇게 멋진 곳에 사니 정말 행복하시겠어요! 두 분은 앞으로도 평생 이 집에 살 생각이세요?"

우리 집을 방문하고 매력에 빠진 분들이 가끔 묻는다.

과연 우리는 언제까지 이 집에 살게 될까? 사실 이 집은 공동의 공간이기 때문에 우리는 언젠가 적정한 시점이 되면 떠날 수도 있다고 생각한다. 좀 더 작은 공간으로 거처를 옮겨도 좋을 듯하다. 우리가 이 집을 만드는 데 모든 걸 걸었다고 이곳이 언제까지나 나의 공간으로 남아있어야 하는 것은 아니다.

"공간을 지키는 것보다는 지금 여기서 어떤 삶을 사느냐가 중요한 것 같아요."

우리의 대답이다.

만약 이 공간을 지키기 위해 삶이 피곤해진다면 주객전도가 되겠지만 아직은 정착자의 기쁨과 발견, 새로운 생활을 만끽하고 싶다.

집이 남긴 숙제

집을 짓고 나니 모든 일이 그렇듯 부족하고 아쉬운 부분이 있다. 스페이스닷 강릉은 설계안의 60%만 실현됐다. 면적도 줄었고, 처음의 기획대로 작동하려면 다른 공간도 좀 더 필요한데 다 갖추지 못했다. 예를 들어 모임과 회의 공간을 실제로 사용해 보니 서비스 공간이 필요하고, 마당의 풀을 정리한 후 폐기물을 처리할 공간도 필요한데 현재로는 부족하다. 하지만 증축할 여유가 있으니 살아가면서 필요한 공간과 기능을 하나씩 보완하는 것도 이 집에 어울린다.

지금 시점에 피부로 느끼는 걱정거리는 기후변화와 관련된 문제다. 여기선 추상적 단어로만 접하던 지속가능성을 염려하게 된다. 겨우 몇 년을 살았지만 매년 폭우가 더욱 거세지는 것을 실감한다. 바람도 무섭게 세진다. 한 해만 이상 현상을 보이는 것이 아니다. 얼마 후엔 대비가 안 될지도 모른다는 걱정이 든다.

옛 한옥을 고쳐 만든 공간이다 보니 지붕 면적도 전과 같다. 성능이 좋은 창호를 신경 써 골랐지만, 들이치는 비를 막으려면 처마가 더 길어야 한다는 사실을 나중에야 알았다. 거실 전면이 폴딩 도어인데 아직까진 새 집이라 창호에 비가 새지는 않지만, 자재가 해마다 물을 먹고 비는 더욱 거세지니 내년도 안전하리란 보장이 없다. 악천후에 대비한 완충 공간 설치가 가장 시급한 일이다.

이 집은 앞에서 말한 것처럼 일반 집과는 다른 과정과 성격으로 지어졌다. 기존 집에 필요한 공간을 맞췄고, 설계 과정에서 함께 상의하며 3D 모델링을 통해 공간을 디자인했다. 무엇보다 지역에서 구할 수 있는 재료를 사용했고 재료 납품처와 생산자를 찾아가 자재를 고르고 선정했다. 설계자가 사무실에 앉아 머릿속의 멋진 집을 구상하고 건축잡지를 보면서 정한 재료의 스펙에 따라 지은 게 아니라, 공사를 진행하면서 상세설계가 진행되고, 실재적인 집의 성능과 재료는 사후 대응을 거쳐 만든 집이다.

"어떻게 완공된 집이 3D로 설계한 집이랑 똑같을 수 있지?"

완성된 집을 보고 깜짝 놀란 나는 남편에게 얘기했다. 2년 동안 모니터를 통해 수천 번 봤던 그 집이 눈앞에 서 있고, 우리는 그 안에 들어와 있었다. 내부도, 외부도 거의 같은 그 공간, 그 느낌이었다!

그럼에도 서울과 다른 생활 방식으로 살면서 새로 깨달은 아쉬운 점들이 있다. 2023년 4월 강릉에 아주 큰 산불이 나서 며칠간 강원도 전체로 확산하는 위태로운 상황을 겪었다. 언제라도 우리 집까지 불이 옮겨붙을지 모르는 공포를 경험했고, 향후 내 소중한 집도 산불에 희생될 수 있다는 생각이 들었다.

산불이 나면 전기가 끊겨도 사용할 수 있는 빗물 탱크가 필요하고, 전기가 아닌 방식으로 작동하는 장치를 갖춰야 한다. 내 가족과 집의 안전을 위해 가장 중요한 보완 사항이다. 또한 비극적인 재난 상황을 가정하지 않아도 일상생활에서 마당의 야생화를 가꾸고 나무들에 물을 줘야 하는데 수돗물을 주는 것이 영 내키지 않는다. 빗물을 받아 이를 활용하면 나무도, 나도, 지구도 좋아할 것이다. 이 집에 무언가를 더 갖추거나 다시 집을 짓는다면 우리가 원하는 건 공간의 멋들어짐이나 풍요로움이 아니라, 집과 삶의 관리를 위한 바깥 공간과 시스템에 관한 부분이다. 에너지 자립, 빗물 사용, 화재, 강풍, 폭우에 대응할 수 있는 시설을 만들고 도시 텃밭과 리사이클링 공간을 통해 균형 잡힌 삶을 가능하게 하는 주거 공간의 완성도를 한층 더 높이고 싶다.

기존 한옥의 아궁이를 처음 봤을 때는 매우 기뻤다.

"이 아궁이 좀 봐. 이걸 살려서 불을 때면 정말 근사하겠어!"

보물을 발견한 듯한 기분에 사로잡혔었다. 하지만 온돌 시스템이 너무 약식이라 살리지 못했다. 이는 약간 아쉬운 점이다. 해가 많이 들어오는 집에 살며 빨래를 햇볕에 바짝 말리고 싶은 바람이 있었는데, 이는 지금 집에서 이뤄졌다. 개인 작업 공간이 있으면 하는 바람이 있지만 그 공간이 클 필요는 없다. 그 바람은 아주 잘 실현되었다. 한적한 시간 누워서 천정의 나무 보를 바라보면 마음이 아주 편하다.

재밌는 것은 도심 아파트에 살 때는 시설 유지 보수에 큰 관심이 없었다는 점이다. 그런데 이 집에 살게 되니 집 구석구석에 나무 목재의 칠이 벗겨졌거나 철물에 녹이 생긴 부분이 바로바로 눈에 들어온다. 물론 즉각적인 관리도 이뤄진다.

정원 관리도 초기에는 비용을 주고 전정을 맡겼지만 만족스럽지 않았다. 그러다 보니 우리가 직접 배워서 나무도 자르고 풀도 베고 정원을 손질한다. 직접 정원을 가꾸니 정리된 풀의 양이 엄청 많다는 것과 이를 처리하기 위한 재활용 공간이 필요한 것도 알게 되었다. 집은 폼 나는 생활을 담는 멋진 공간만으로 완성되지 않는다. 사람과 식물, 집 전체를 관리하는 노력에 더해 재활용까지의 생애주기를 담을 수 있어야 한다.

집과 우리의 지속가능성

이 집은 우리가 찾아 손수 지었지만 우리 소유는 아니다. 집을 짓기 위한 경제적 기반 마련에 주위 분들의 도움을 받았으니 공동으로 소유하며

함께 사용한다. 또한 실제 용도는 사무실이라 주로 모임 공간으로 활용
되어 우리가 나이 들어서까지 거주하기에 딱 들어맞는 공간 구성은 아
니다.

　우리가 스페이스닷 강릉에서 찾은 행복과 만족은 매우 크지만, 아
마도 누구나 우리처럼 살 수 있지는 않을 것이다. 이 집을 짓고 만남이
넓고 깊어지면서 또 다른 고민이 시작되었다.

　우리는 늙으면 어떤 모습으로 살아가게 될까? 우리뿐 아니라 이 공
간 마련에 재정적으로 참여하신 분들도 포함되어 서로 점점 더 보호가
필요할 것이라는 생각이 들었다. 젊은 시절 활발하게 각자 직업 활동에
전념하던 분들도 점차 나이가 들면 어느 곳에 살아야 할지를 고민한다.
게다가 가족 중심의 돌봄이나 은퇴 생활과는 거리가 먼 분들도 꽤 많다.
강릉에서 모이는 분들뿐 아니라 다른 지역에서도 비슷한 고민을 공유
하고 있었다. 이러한 각자의 고민이 좀 더 나이가 들었을 때 서로를 돌볼
수 있는 아주 느슨한 모임을 어딘가에 만들면 좋겠다는 공통의 의견으
로 자라났다.

　그래서 우리는 또다시 주거 공간을 찾고 있다. 아직 우리가 고령층
이 되었을 때를 위한 '돌봄 마을'의 땅과 모델을 구상하는 단계는 아니
다. 그것은 좀 더 먼 단계에 다가올 것이다. 지금은 스페이스닷 강릉과
인접한 곳에 이 공간이 확장되었고 주거 기능만을 담는 관리동처럼 분
리된 별도의 공간을 구성하고 있다. 물론 이 공간도 우리 부부만의 주택
이 아니라 다른 사람과 함께 살 수 있는 방식으로 운영될 것이다.

　우리가 이곳에서 적용하고자 하는 것은 공간을 매개로 같이 사는

모습이다. 작은 마을이 사람들의 모임을 통해 점차 확장되는 방식이다. 4년 넘게 땅을 찾고 꼬박 2년이 넘게 비와 추위에 맞서 고생하며 집을 짓는 일이 마무리된 지 채 2년도 안 됐지만, 또다시 집을 짓는 생각과 준비를 하고 있다.

"함께 살 사람들과 앞으로 어떻게 무엇을 하면서 살까? 어떤 마을을 만들까?"

이것이 요즘 우리의 화두다. 우리가 찾는 집의 모습은 일반적인 주거와는 다르다. 개인적인 공간의 요구는 간결해지고, 적절한 거리에서 어울릴 수 있는 프로그램을 구상해 이를 공간에 담아내는 일이다.

"같이 집을 지을 건데 어떻게 지을까?"

그냥 집만 모여 있는 형태가 아니라 재밌게 무언가를 함께 하며 늙어갈 수 있는 프로그램을 고민한다. 마을 부엌이 중심이 될지도 모른다. 남편에게 함께 사는 집 짓기는 연구자로서 추구하는 가치와 연구를 삶의 공간에 하나씩 지속적으로 오버랩하는 실험이기도 하다. 요즘 유행하는 리빙랩이라는 단어가 딱 들어맞는다.

이 집과 함께 우리의 생활은 다른 단계로 나아갔다. 원래부터 그럴 계획은 아니었지만 스페이스닷의 생활이 정말 만족스러운 나머지 나는 상당 부분의 생활 기반을 강릉으로 옮겨왔다. 초기에는 일은 주로 서울에서 하고 강릉에서는 쉬면서 친구들과 어울리는 교류와 여가 중심 생활을 했지만, 강릉에 있을수록 이곳을 더욱 사랑하게 되고, 지역 일에 생활인으로, 전문가로 점차 깊이 관여하고 있다. 머잖아 강릉 사투리를 쓰거나 강릉댁이라는 호칭을 얻을지도 모르겠다.

이 모든 삶의 변화가 우연히 만난 땅과 집 한 채에서 비롯됐다니 놀라울 뿐이다. 노래 가사처럼 우리 만남은 우연이 아니었나 보다. 우리의 집 짓기의 총평은 다음과 같다.

"고통 45, 즐거움 55로 정리할 수 있어. 집은 돈이 없다고 못 짓는 것도 아니고, 돈이 있다고 지을 수 있는 것도 아니야."

함께, 더 가치 있게

세월의 먼지가 까맣게 내려앉은 나무를 수없이 매만지고, 흙은 채우고 그 과정에 든 수많은 사람의 노동과 시간이 필요했습니다. 땀과 정성으로 만들어진 새로운 공간을 강릉을 찾는 많은 분과 공유하고 싶습니다.

우리의 초대장이다. 바쁜 일상에서 잠시 짬을 내어 이곳에 들른다면 100년 전 대들보와 기둥, 토벽, 툇마루를 강릉 푸른 바다와 향 깊은 송림을 지금 만날 수 있다.

한옥의 개방성을 닮은 우리의 집 짓기 이야기는 이제부터 시작된다. 수많은 히어로 시리즈가 끝도 없이 다차원으로 파생되듯, 우리 집 이야기도 여러 가지 버전으로 각양각색의 캐릭터와 공간의 다채로운 이야기를 탄생시킬 것이다. 정성껏 마련한 강릉의 풍토와 시간을 담은 향기로운 공간은, 함께 사용할 때 그 가치가 더욱 빛난다.

4 나 홀로 도시 속 든든한 마을 살이

아내 시점

아내(선생님) + 남편(연구원) + 딸(9) + 아들(4)

주택 생활 3년 차

#세종시   #임대주택

              #단독주택 체험판

     #아파트의 편리함

     #주택의 아늑함

새내기 초등학생의 바쁜 아침

"엄마. 또 버스 못 타면 어떡하지?"

내려오다 한참 멈춰 있기를 반복하는 엘리베이터를 보며 딸이 초조해한다.

아이에게 초등학교 입학은 새로운 세계와의 만남이 시작되는 순간이다. 이전과는 전혀 다른 일상이 시작되는 것이다. 딸이 다니게 된 온빛초등학교는 집에서 15분쯤 걸어야 한다. 그리 멀지는 않지만 바쁜 아침 시간엔 아이들에게 부담되는 거리인지라 학교에서 셔틀버스를 운영한다. 아이들의 등교를 도와주는 친절한 배려지만 정확한 시간에 버스를 맞춰 타기란 초등학교에 갓 들어간 아이에게는 녹록지 않다.

가끔 준비가 늦어지거나 엘리베이터가 유난히 천천히 내려오는 날은 1~2분 차이로 버스를 못 타는 일이 생겼다. 어쩌다 준비물이라도 깜빡하는 날엔 학교와 집 사이의 애매한 거리가 아이에게 부담으로 작용했다.

딸에게도 엄마에게도 처음인 학교생활이다 보니 엄마로서 아이 학교에 방문하는 일이 잦았다. 학교를 오가던 어느 날, 바로 길 건너에 자리한 낮은 단독주택 단지가 눈에 들어왔다. 도대체 어떤 집들이 있을지 궁금해 단지를 둘러봤다. 이 단지에는 크지 않은 규모의 집들이 열을 지어서 정갈한 느낌으로 모여 있었다. 유럽 주택단지의 느낌이 풍겼고 아기자기한 분위기가 쏙 맘에 들었다. 바로 뒤에 자리한 낮은 산까지, 조용한 주택단지로 훌륭한 거주 환경이었다. 학교 바로 앞에 집이 있으면 아이가 훨씬 마음 편히 생활할 수 있을 것 같았다.

단지를 여러 번 돌아보니 이곳에 와야겠다는 확신이 들었다. 바로 관리사무소를 방문해 어떻게 하면 이곳에 입주할 수 있는지 물었다.

"여기 로렌하우스는 임대주택이라 매매를 할 순 없습니다. 임차인으로 거주하는 거예요. 대기자 등록을 하고 빈집이 나와 순서가 올 때까지 기다려야 합니다."

아. 이곳은 개인이 살 수 있는 집이 아니었다. 이런 모습의 임대주택도 있다는 것이 놀라웠다.

"아, 그래요. 대기자가 많은가요? 얼마나 있는데요?"

"한 2백 명쯤 앞에 있습니다."

"20명이 아니고 2백 명이요? 전체가 몇 집인데요?"

"전체는 60호가 있습니다. 그중 한 집이 이사 가면 한 자리가 비고 그렇게 기다리면서 순서가 오면 입주할 수 있는 겁니다."

"세상에나! 그럼 언제쯤에나 순서가 올까요?"

"한 2년쯤 걸릴 수도 있습니다. 빈집이 나오면 순서대로 연락을 드리거든요. 우선순위인 대기자가 들어오겠다고 하면 다음 빈집을 또 기다려야 하고, 만약 대기자가 포기하면 차례로 연락드려요."

"네. 그럼 저도 대기자로 등록해 주세요. 빨리 순서가 왔으면 좋겠네요!"

우리 앞에 기다리는 인원이 2백 명이나 된다니! 과연 우리 순서가 오긴 하려나? 일단 등록해 놓으면 언젠가는 순서가 올지도 모른다. 그렇게 막연한 기다림이 시작되었다.

1
2

1 딸아이가 입학한 초등학교의 바로 길 건너편에 아기자기한 주택단지가 있는 것이 눈에 띄었다. 아침마다 스쿨버스를 타는 게 만만치 않은 딸과 나에게 훌륭한 대안일 것 같았다. **2** 시시때때로 관리사무소에 들러 언제쯤 순서가 올 수 있는지 알아보고 준비한 정성이 통했는지 1년 만에 우리 차례가 됐다는 연락을 받았다.

낮은 에너지 + 임대주택

로렌하우스라는 이름은 '로우(낮은)'와 '렌트(임대)'의 첫 글자에 하우스를 붙여 지은 것이다. 즉 에너지를 적게 사용하는 임대주택을 의미한다. 집마다 설치한 태양광 패널로 전기에너지를 생산해 소비하고, 단열 성능이 뛰어나 에너지 효율이 매우 높은 친환경 주택이다. 단열재를 벽의 바깥쪽에 붙이는 외단열 방식을 써서 단열 효과가 매우 높은 패시브 하우스다. 지구 온난화 시대에 알맞은 주거환경이고, 에너지 비용 부담도 적어 입주자에게도 이롭다. 하지만 우리가 이 집에 살고 싶었던 이유는 에너지 비용이나 환경 문제 때문은 아니다. 마당이 있고 아이 학교와 가까워 우리 가족의 생활 모습과 필요에 딱 맞았기 때문이다.

너무 간절해서 대기자 등록을 한 뒤로 로렌하우스 단지에 꽤 자주 들렀다. 가끔 공실이 보일 때면 빈집이 있는데도 왜 대기 순서가 빨리 줄어들지 않나 조바심도 났다. 결국 1년쯤 기다린 후 우리에게 차례가 돌아왔다. 연락을 받았을 때 바로 입주를 결정하고 석 달 안에는 이주해야 하는데, 곧장 이사를 하는 일이 그리 만만치 않기 때문인지 대기 인원에 비해 기회가 상당히 빨리 찾아온 셈이다. 그동안 열심히 관리사무소에 들러 공실이 생겼는지 알아보고, 우리 순서가 오면 빨리 연락 달라고 간곡히 부탁한 결과일 수도 있다. 운이 좋아 앞의 대기자들이 포기하면 바로 다음날 입주할 수도 있다던 말이 맞았다.

내겐 너무 완벽한 그 집

나와 남편은 유년기와 학창 시절을 서울에서 보냈다. 그런데 2015년 직장이 세종시로 이전하면서 가족, 친구와 동떨어진 완전히 새로운 생활이 시작됐다. 이제 막 새롭게 만들어지는 도시는 환경도, 사람도 영 낯설었다. 둘 다 직장 생활을 하다 보니 육아를 위해 시부모님도 함께 세종시로 내려오셨다. 매일 부모님과 왕래하던 중 단독주택 용지에 집을 짓고 함께 살면 좋겠다는 생각에 땅을 보러 가기도 했었다. 2017~2018년의 일이다.

　　당시에는 로렌하우스의 존재를 몰랐다. 그저 아이가 있으니 초등학교가 바로 근처에 있는 소위 '초품아'의 환경이 필요했고, 상가가 인근에 있으면 생활이 편리하겠다고 생각하던 차였다. 집을 짓게 된다면 가장 중요한 것은 위치였다. 그런 맥락에서는 세종시의 온빛초등학교 옆 주택단지가 딱 들어맞는 곳이었다. 하지만 막연한 생각이었을 뿐 집 짓기는 전혀 만만한 일이 아닌 듯 했다. 매사에 꼼꼼한 우리 부모님도 집을 짓고 난 뒤 이런저런 문제에 계속 신경 써야 했다. 옆에서 이런 상황을 지켜 봤던 남편도 집 짓기는 쉽게 결정할 일이 아닌 것 같다며 내심 주저했다.

　　그렇게 세종시에서 아파트 생활을 하던 우리 가족은 2019년 연구년을 맞은 남편과 함께 미국으로 떠나 1년간 머물게 된다. 당시엔 아이가 한 명만 있었고 우리 가족은 애틀랜타 근교에 있는 3층짜리 빌라에서 살았다. 다른 나라에서 만난 주거생활과 문화는 충격으로 다가올 만큼 놀라웠다.

지인 중에는 교외의 넓은 단독주택에 사는 사람들이 꽤 있었는데, 친구들 집을 방문하며 주택을 경험해 보니 인생에서 한 번쯤은 이런 단독주택에 살아봐야겠다는 마음이 싹텄다. 부러움과 바람이 뒤섞였다. 초등학교 때부터 쭉 아파트에 살았던 우리에게 넓은 정원과 풍요로움이 가득한 미국 단독주택은 신선한 자극을 주었다. 그전까지 막연했던 동경이 실체를 가진 강렬함으로 자라났다. 단순히 집이라는 단어로 묶어 표현하기에는 너무나 달랐다.

그러나 1년 후 돌아온 세종시의 땅값은 고공행진 중이었다. 게다가 우리는 집을 짓는 일이 얼마나 어려운지 충분히 예측되는 상황에도 일을 벌일 만큼 도전적인 성격은 아니었다. 단독주택은 하자도 많고, 땅을 사고 집을 짓는 일에는 엄청난 에너지를 쏟아부어야 할 게 분명했다. 하지만 그만큼의 만족감을 얻을 수 있을지 의문이 들었다. 막연한 동경만으로 덜컥 일을 저지르기엔 망설임이 컸다.

그런 배경과 고민, 동경을 갖고 만난 집이 바로 로렌하우스였다. 임대주택이지만 주인이 LH라는 굉장한 장점이 있었다. 이는 곧 살아보다가 맘에 들지 않으면 언제라도 쉽게 나갈 수 있다는 이야기가 된다. 알아보니 계약 기간을 채우지 않아도 석 달 전에만 알려주면 새로운 임차인이 들어오지 않아도 보증금을 반환받을 수 있다고 했다.

단독주택은 끊임없는 하자 때문에 집을 시시때때로 수리해야 한다는데, 공사가 관리하는 집이니 거주하는 사람이 크게 골치 아플 일이 없다. 아무렴 LH가 수조 원을 들여 만든 최고의 도시에 포스코가 시공하고 에너지 시범주택 단지의 이름을 내건 집이지 않은가? 혹시 하자가 발생한다 해도 설마 나 몰라라 집을 방치할 리는 없을 것 같았다.

세대수도 적당하고 관리사무소도 있으니 단독주택과 모습은 비슷하면서 생활은 비교가 안 되게 편리해 보였다. 길 하나만 건너면 아이 학교가 있고 인근에 상가, 시립도서관, 한옥마을이 있다. 고즈넉한 분위기에 입지와 편의성을 모두 갖춘 집. 어린아이가 둘 있는 우리 가정에는 더할 나위 없이 딱 들어맞는, 바로 우리를 위한 집이다.

1
2

1 아이가 둘인 가정에 마당이 있다는 것은 축복 같다. 작은 정원이 딸린 독립적인 주택에서 생활하지만 단지 전체가 관리되어 직접 지은 집에 비해 관리나 하자 보수에 큰 신경을 쓰지 않아도 된다는 것은 엄청난 장점이다. **2** 로렌하우스는 집마다 태양광 패널을 설치하고 외단열을 사용해 에너지 효율이 매우 높은 친환경 주택이다.

3 길 건너에 초등학교, 바로 아랫 블록에는 시립도서관, 상가가 있다. 어린 자녀가 있는 가정에는 완벽한 입지다. **4** 시립도서관 맞은 편에 자리한 한옥단지. 아파트 위주의 신도시에 한옥단지는 운치와 매력을 더한다. 우리 집 바로 남측에 있어 언제든지 한옥마을로 산책을 갈 수 있다.

단독주택이 블록형이다?

우리 가족이 사는 로렌하우스는 블록형 단독주택이다. 단독주택이지만 내 땅에 내 맘대로 원하는 형태의 집을 짓고 사는 방식이 아니다. 단지 규모의 계획, 설계가 이뤄지면 도로와 필지를 나누고 그 안에 유사한 모습의 주택을 조화롭게 짓는 형태다. 요즘 우리나라 신도시를 보면 마치 유럽 도시처럼 비슷한 꼴의 주택 수십 채가 아기자기하게 모여 있는 모습을 볼 수 있다. 그런 주택들이 바로 블록형 단독주택이다.

집마다 필지를 구획하는 곳도 있고, 하나의 거대한 필지에 블록형 단독주택 단지 전체를 계획하는 예도 있다. 전자는 각자 땅이 있으니 누가 대지와 집을 관리할지 명확해 더 좋을 것 같지만, 실제로는 각 집을 연결하는 단지 내 도로나 공용시설을 누가 관리하고 비용을 어떻게 분담할지 정하는 것이 필요하다. 그렇지 않으면 쓰레기 처리나 제설 과정이 원활하지 않고 설비나 공용시설이 엉망이 되어 단지 전체의 환경이 열악해질 수 있다. 후자는 아파트처럼 땅을 공동소유하고 그 위에 각자의 집을 보유하거나 임대하는 형태다.

우리 집은 후자의 경우다. 물론 처음에 임대주택으로 건축했으니 전체가 하나의 큰 단지로 계획되기도 했지만, 분양으로 전환된 지금도 필지는 개별 분할되지 않았다. 60세대가 18,217㎡에 달하는 땅의 지분을 대지권 형식으로 공유하는 셈이다. 알고 보면 아파트라는 공동주택도 집은 각자의 것이지만 땅은 공동이 소유하니, 블록형 단독주택이 그리 낯설 이유도 없다.

하지만 여느 단지처럼 도로가 있고 조경과 집의 형태로 울타리가 정해져, 각 집이 개인적인 필지와 공간 속에서 생활한다. 내 땅을 갖고 내 집에 사는 것과 크게 다르지 않다. 산자락을 마주한 우리 집과 같은 열의 집들은 단지 경계가 희석되어 땅이 산 쪽으로 조금 확장되기는 하지만 말이다.

도로나 공용 공간의 청소·관리는 관리사무소가 담당한다. 개인이 사용하는 도로 안쪽의 주차 공간은 직접 관리해야 하지만, 단지 내 제초 작업을 할 때는 친절하게도 함께 관리해 준다. 그만큼 나 홀로 오롯이 집을 돌봐야 하는 어려움이 덜하다. 관리사무소 측의 책임감과 친절함엔 한편으론 이곳이 LH의 시범단지라는 점도 한몫 하는 것 같다. 주기적으로 방문하는 여러 기관 때문에라도 단지를 쾌적한 상태로 유지해야 할 필요성이 있는 듯하다. 다른 도시에도 로렌하우스를 계속 짓는 상황이니 홍보 목적도 있을 것이다.

타운하우스라고도 불리는 블록형 단독주택 생활은 상당히 편리한 점이 있다. 단독주택이지만 처음부터 에너지 저감형으로 설계하고 시공해 전기료가 만 원을 넘어가는 법이 없다. 아파트보다 따뜻하다면 거짓말이지만 추위를 심하게 느낀 적은 없다. 로렌하우스는 관리비 항목이 매우 적다. 관리비가 매달 15만 원 정도 나오고 그중 LH가 12만 원 정도를 가져간다고 들었다.

타운하우스가 많아지면서 요즘은 서비스 업체도 많아졌는데, 옵션에 따라 서비스가 천차만별이라고 한다. 어느 수준에 어디까지 해주냐에 따라 비용 많이 달라지고 금액이 높으면 눈도 치워준다고 한다. 일례

로 우리 단지 맞은편의 유럽마을은 한 달 관리비가 거의 1백만 원 정도
에 난방비도 상당히 많이 나온다는 이야기를 들었다.

하긴 우리 집은 분양가가 7억 5천만 원이었지만 유럽마을 단지의
집은 전셋값이 7억 원이라고 하니 공공에서 집을 임대하는 것이 거주자
들에게 얼마나 도움이 되는지 알 수 있다. 게다가 집을 직접 짓지 않아도
된다는 사실 또한 편리한 점 중 하나다. 집 짓기는 엄청난 결단력과 지구
력, 자산이 필요하다. 땅을 사고 설계를 하고 시공도 해야 한다. 원래 지
내던 아파트의 전세금을 빼서 새로 이사할 집의 비용을 충당하는 자금
흐름과는 전혀 다르다. 집을 짓는 동안 생활할 공간도 마련해야 하고, 그
모든 과정을 거쳐서 입주하려면 상당히 오랜 시간과 노력, 비용의 융통
이 필요하다.

하지만 블록형 단독주택에서는 땅을 고르거나 집을 직접 짓는 고
난의 과정을 건너뛸 수 있다. 이미 다 만들어져서 상점이나 백화점에 진
열된 기성품 중 내 스타일에 맞는 옷을 골라 입는 것과 같다. 개인 주택
은 비교적 영세한 시공사가 집을 짓지만, 아무래도 커다란 기업에서 집
을 지으니 시공 품질도 훨씬 좋을 것이다. 소비자 입장에서 집을 짓는 위
험 부담이나 시행착오를 줄일 수 있다. 더군다나 완공 전에 미리 분양받
는 예외도 있지만 완성된 집을 보고 고를 수 있으니 합리적이다. 주택도
하나의 상품이다.

블록형 단독주택은 커다란 하나의 필지에 전체적으로 단지계획을 하고 그에
맞춰 집을 짓는다. 비슷한 형태의 집들은 서로 조화를 이룬다.

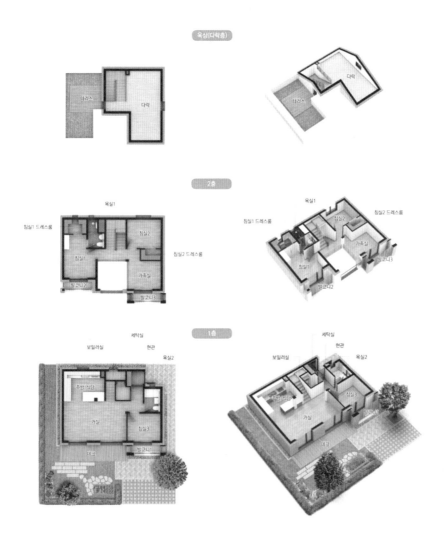

© 로렌하우스 홈페이지

우리 단지에는 세 가지 유형의 주택이 있다. 집이 위치한 곳에 따라 평면과 면적이 약간씩 다르다. 우리 집은 단지의 가장 안쪽, 작은 산과 면한 B 유형이다.

리츠라고요?

2022년 2월, 전세로 거주하던 아파트를 정리하고 들어왔다. 계약 기간이 남았지만 원만하게 이사를 나올 수 있어 두 달 만에 로렌하우스에 입주했다. 새집으로 온 기쁨은 정말 컸다. 얼마를 기다려서 거주하게 된 집인가. 딸은 이제 바로 앞의 길 하나만 건너면 학교니 등굣길이 마냥 즐겁고 편안해졌다. 물론 아이만큼 나의 아침도 한결 가벼워져 좋다. 이제 우리도 마당이 있는 집에서 아이들과 뛰어놀 수 있게 되었다. 그런데 계약서를 쓰면서 이 집이 리츠(REITs) 회사 소유라는 것을 알게 되었다.

리츠는 '부동산투자신탁'으로 부르기도 한다. 로렌하우스의 경우에는 LH와 주택도시기금이 출자해서 세종, 오산, 김포의 사업지구를 묶어 패시브하우스인 임대주택을 짓고 자산 관리 회사의 역할을 LH가 하는 것이라고 했다. 설명을 들어도 알 듯 말 듯 복잡하다. 찾아보니 실제로 다른 도시에도 로렌하우스가 있었고, 집의 형태와 규모는 도시마다 달랐다. 어쨌든 거주자 입장에서는 공공이 짓고 임대·운영해서 믿을 만한 집이라는 점이 중요했다.

로렌하우스는 보증금과 월 임대료를 함께 내는 구조인데 보증금에 따라 월 임대료가 달라진다. 우리가 살게 된 집은 보증금이 3억 원이면 월 임대료가 32만 원, 보증금이 2억 5천만 원이면 월 임대료는 51만 원이었다. 보증금을 5천만 원으로 낮추는 대신 월 임대료를 110만 원 정도 내는 집도 있었다. 기존 거주자가 보증금 조건을 2억 5천만 원으로 설정한 상황이어서 우리는 최초 입주자의 설정을 그대로 따라야 했다.

　최초 입주자 모집은 2018년에 진행됐고 단지가 준공된 후인 2019년 2월에 실제 입주가 이뤄졌다. 4년의 임대 기간 이후에 분양으로 전환될 예정이라 임대료가 저렴하게 책정됐고, 최초 사업이다 보니 집을 가진 사람도 들어올 수 있는 조건이었다고 한다. 하지만 이후에 지어진 세종시의 로렌하우스 2차는 무주택자만 입주 가능한 대신 임대 기간은 최장 8년에 임대료와 보증금도 일괄적으로 정해져 있는 방식으로 변했다.

　그런데 이사 온 기쁨이 채 가시기도 전인 2022년 4월, 관리사무소를 통해 로렌하우스 리츠를 청산하고 집을 매각해 분양으로 전환한다는 이야기를 들었다. LH가 참여했지만 리츠를 설립해서 진행한 사업이고, 리츠는 법적으로 민간사업자라 4년이 경과한 시점이 도래해 단지를 매각하고 리츠를 청산한다고 했다. 얼마나 노력해서 들어온 집인데 100일도 못 넘긴 채 예상 밖의 상황을 맞았다.

　우리 가족의 안타까움과는 상관없이 정해진 대로 '패시브하우스 순환형 임대주택 공개경쟁입찰' 공고가 나갔고 진행됐다. 민간임대주택특별법에 따른 임대사업자 지위를 포괄 승계한다는 내용이었고, 우리가 사는 세종시의 로렌하우스뿐 아니라 3개 도시의 298가구를 함께 매각한다고 했다. 2022년 5월 17일에 시작된 입찰은 6월 21일 6회 차까지 진행된다고 했다.

　그러나 연속되는 공고에도 매입자가 나타나지 않았다. 2021년부터 부동산 가격이 급락하기 시작해 나라가 혼란스러운 상황이었다. 입주민에게는 다행스러운 일이었다. 단지 전체의 일괄 매각이 어려워지면서 입주민들은 개별 분양이 가능하다면 자신이 살던 집의 분양권을 우선으로 받을 수 있기를 희망했다. 계약서에는 없는 내용이었지만 열심히 마음을 모아 민원을 넣고 노력한 결과 우선 분양권을 받을 수 있었다.

아이들과 이 집에서 누리는 일상이 제법 맘에 들어 이제 겨우 시작한 단독주택 생활을 유지하고 싶었다. 계약 기간 2년 동안의 거주는 보장받겠지만 2년 만에 떠나야 한다는 사실이 무척 아쉬웠다. 무엇보다 아이들이 집을 너무나 좋아했다.

부동산 거품 속 새우등

상황이 이렇게 되자, 여러 입주민들은 거주 중인 집을 분양받는 문제에서 득과 실을 검토해 보기 시작했다. 세 타입 모두 84.9m² 정도로 면적이 비슷하다. 앞뒤로 1~2층과 다락에 걸쳐 발코니를 모두 확장하면 실사용 면적은 170m² 이상이다. 전용면적의 2배가 훨씬 넘는 공간을 쓸 수 있는 꽤 내실 있는 주택인 것이다. 각 집은 타입에 따라 291~297m²의 땅이 실사용 면적인 것으로 안내됐다. 분양가는 타입과 위치에 따라 7억 9백만 원부터 7억 4천 3백만 원으로 책정됐다. 집이 분양으로 전환되기 전인 2021년까지의 주택 시장 상황과 세종시의 단독주택 가격을 생각하면 괜찮게 느껴졌다.

그런데 한번 떨어지기 시작한 주택 가격의 하락이 가속화됐다. 서너 달 사이에 아파트값이 현기증 나게 떨어지더니 5억 원 정도 하던 인근의 아파트 가격이 4억 원 초반대까지 내려갔다. 기존 집을 팔고 로렌하우스로 집을 바꾸기에는 기존 아파트 가격과의 차액이 커지는 상황이 됐다. 게다가 부동산 시장이 과열되면서, 정부는 징벌적으로 1가구 2주택에 대해서는 중과세를 부과하겠다고 했다. 로렌하우스는 기존에 주택을 보유한 사람도 입주할 수 있는 곳이었다. 누군가가 로렌하우스를 분양받고 기존의 아파트를 팔지 못하면 다주택자가 되는 상황이기 때문에 부과될 세금을 고려하지 않을 수 없었다.

상황이 이렇다 보니 아무리 집에 깊은 애정이 있어도 살던 집을 분양받는 것이 쉽지 않았다. 결국 60세대 중 12세대만 분양되었고 나머지 집은 LH가 사들여 일단 임대주택으로 운영하게 됐다. 현재는 개인 소유의 집과 LH가 보유하고 관리하는 임대주택이 섞여 있는 상황이다.

이런 일들을 겪으면서 올해 초에 임차 계약 기간이 끝났고 우리는 계약갱신청구권을 사용해 거주 기간을 연장했다. 우리 가족은 2026년 2월까지 이 집에 살 수 있다. 주민 입장에서 집이 분양으로 전환되던 시점을 생각하면 아쉬움이 있다. 부동산 가격을 감정할 때는 이전의 주택 가격을 근거로 평가하는데, 2020~2021년은 우리나라 부동산 거품이 심했고 특히 세종시가 그 정점에 있었기에 감정가가 너무 높게 산정되었다는 생각이다.

주민들의 자체적인 추산에 따르면 산 쪽의 집은 7억 원, 도로변의 집은 6억 5천만 원 정도가 적정한 가격이었다. 주민 중에는 회계사, 연구원 등 전문가들이 있어 나름 객관적인 자료를 토대로 추정한 값이다. 주민이 비용을 부담해 재감정을 받아보겠다고 제안했지만 받아들여지지 않았다. 세종시 한복판이라는 훌륭한 입지, 90평에 가까운 땅 그리고 침실이 서너 개인 주택이라면 꽤 매력적인 가격 같기도 하다. 그러나 부동산 침체기의 직격탄을 맞은 탓에 실제로 분양을 택한 주민은 그리 많지 않은 어정쩡한 상황이 되었다.

그래도 우리는 아직 로렌하우스에 거주 중이다. 특히 나지막한 뒷산 자락에 맞닿은 훌륭한 위치에 우리 집이 있는 것만으로도 매우 만족스럽다. 이곳을 아끼던 주민 중 일부는 이후 세종시에 새로 건설된 로렌하우스 2차로 이사했다. 그들은 한번 이곳에 살아보니 다시 아파트로 돌아가긴 어려울 것 같다고 말했다.

달라진 생활

이곳 아이들은 친구를 만나기 위해 굳이 약속을 잡거나 놀이터에 가지 않아도 된다. 연령대가 비슷한 아이들은 학교가 끝나면 함께 하교한다. 그러다 친구가 보이면 자연스레 마당이나 동네에서 어울려 논다. 네 살인 둘째 아이도 어린이집에서 돌아오면 마당에서 누나와 흙을 만지며 노닌다. 거실 유리문만 열면 바로 펼쳐지는 마당이 친구들과 만나는 놀이터 혹은 캠핑장이다. 아이를 키워본 경험이 있다면 알겠지만, 아이들이 계절과 날씨에 상관없이 야외 활동을 할 수 있다는 것은 축복에 가까운 일이다.

"그래도 자가인 아파트에 살다가 임대주택에서 생활하는 데 애로사항은 없어? 남의 집이면 아이들 사진을 걸고 싶어도 내 맘대로 벽에 못도 못 박잖아."

지인이 물어본다.

"글쎄. 빌린 집이라도 생활하는 게 많이 다르거나 불편하진 않아. 굳이 찾자면 임대료가 부담된다는 점 정도? 임대료는 사라지는 돈이잖아. 그전엔 안 들었던 돈이고."

"맘대로 인테리어를 못 한다든지, 겨울에 아파트보다 더 춥다거나 그런 점은 별로 없어?"

본인도 단독주택에 거주하고 싶었던지라 궁금함이 많다.

"체크리스트를 참고하면 가능한 선에서 인테리어도 할 수 있어. 임대 주체가 개인이 아니라 일반적으로 생각하는 집주인과의 갈등도 없고. 아, 맞다. 아파트에 살 때랑 다르게 커뮤니티 센터가 없는 건 단점이네. 그리고 아이들 놀이터도 형식적으로만 갖춰서 작아. 하지만 이 집 저집 마당과 동네 전체가 아이들 놀이터가 되기도 해."

"그렇구나. 지하 주차장이 없어서 불편하지 않아?"

"문만 열면 바로 앞에 차가 있어서 편리한 점도 많아. 아이가 차에서 잠들면 옮기기도 쉽거든. 마트에서 장을 보면 짐이 한가득인데 현관 바로 앞에서 트렁크를 여니까 편하지."

"어머, 그렇구나. 그런 건 생각해 본 적이 없네."

사실 이 집에 살아보기 전까지는 무엇이 어떻게 달라질지 세세한 장단점을 따져보지 않았다. 여름에 모기가 조금 많다는 것 정도가 단점이랄까? 그 외에는 굳이 찾지 않으면 크게 거슬리는 점이 없다.

사람마다 다르겠지만 나는 아파트 생활이 더 고단했다. 그중 제일은 아파트 거주자라면 신경 쓰일 수밖에 없는 층간소음이다. 특히 윗집의 소음이 우리를 무척 괴롭혔다. 가끔 들리는 제초 소음도 그렇고 원하지 않는 소음들이 이래저래 주변에 존재했다. 또한 내다보이는 바깥 풍경이 앞 동이다 보니 삭막함이 컸다. 하긴 아파트는 글자 그대로 '공동주택'이 아닌가. 공동이 함께 생활하는 공간이니 자유롭지 못한 것은 당연한 일이다.

"무엇보다 이 집에선 언제나 사계절을 느낄 수 있어서 그 자체로 힐링이 되거든. 아파트에서는 바깥의 푸르름을 보려면 엘리베이터홀, 엘리베이터, 다시 공용 현관까지 거쳐야 할 경로가 많았어. 그런데 여기선 단계라는 게 전혀 없잖아."

답답해서 항상 밖으로 나가던 우리 가족이 이곳에서는 신기하게 여행조차 가지 않게 됐다. 언제나 자연을 느끼고 접하기 때문이다. 조용한 동네가 좋고, 남에게 피해를 주지 않는 범위 내에서는 충분히 자유로운 생활을 만끽한다.

누군가는 여행으로 집을 오래 비우면 단독주택이라 불안하지 않느냐고 한다. 하지만 이사 온 후 집을 길게 비우는 일 자체가 생기지 않아 걱정거리가 없다. 집이 너무 좋아 굳이 다른 곳으로 여행을 떠나고 싶지 않기 때문이다.

단독주택에선 매일 새로운 경험을 할 수 있다. 언제나 자연이 옆에 있고 매 순간 사계절을 오롯이 느낄 수 있다. 아이들의 놀이 공간은 안팎의 구분이 없다.

1	2
3	

1 이전에는 주말이면 야외공간을 찾아 나가던 우리 가족은 이 집으로 이사 온 후 여행을 가는 일이 거의 없어졌다. 오붓한 정원에서의 가족 식사. 행복함 그 자체! 큰딸은 나이 들어서도 여기에 살고 싶다고 한다. **2,3** 하루 일과를 마치고 집에 돌아온 아이들은 정원에서 다시 두어 시간 흙을 만지면서 논다.

함께 산다는 것

이곳에 사는 동안, 가까운 이웃과 비슷하게 설계된 공간에 살면 여러 방면에서 이점이 있다는 사실을 알게 됐다. 모두 재료와 공법이 똑같은 집에 살다 보니, 다양한 문제나 상황에 대해 정보를 나누고 방법을 찾는다. 별것 아닌 작은 일 같지만 실제로 생활하다 보면 상당히 도움이 된다. 원래 일상생활의 어려움은 작고 사소한 일들에서 생기지 않는가?

우리는 집이 지어진 후 3년이 지난 시점에 이곳에 합류했지만, 처음부터 로렌하우스에서 계속 살던 이웃도 있다. 그들과 두런두런 이야기를 나누다 보면 마을에서 있었던 일을 전해 듣게 되고, 많은 노하우를 전수받는다. 입주 초기에는 단지에 노린재가 많았다고 한다. 위험하지는 않지만 별명이 방귀벌레인 만큼 도저히 익숙해지기 힘든 냄새를 풍겨 다들 고생이 많았는데, 한 집에서 알아낸 퇴치 방법 덕분에 단지에서 노린재가 없어졌다고 한다.

우리 집은 1층에 거실과 주방, 침실 1개, 화장실이 있다. 2층에는 침실 2개, 가족실, 부부침실에 딸린 드레스룸과 욕실이 자리한다. 위층은 다락과 옥상 테라스로 구성된다. 반면, 맞은편 열의 집은 거실 위쪽 보이드(뚫린 공간)가 없는 대신 2층에 침실이 하나 더 있다. 그래도 구조가 크게 다르지 않아 집에 대한 정보를 공유할 수가 있다. 한번은 2층 드레스룸 벽에 곰팡이가 생겼는데 다른 집에도 비슷한 문제가 발생했다. 그럴 때 옆집에서 알려주는 해결 방법이 굉장히 요긴하다. 집 관리에 필요한 물건은 공동구매를 하거나 순서를 정해 돌려 쓰기도 한다.

물론 주민 간의 사이가 좋아야 가능한 이야기다. 이곳에서도 모든 이웃이 돈독한 관계를 유지하는 건 아니다. 마당이 아주 넓진 않기 때문에 각자의 일상생활이 이웃에게도 영향을 미치기 때문이다. 집 앞 마당에서 담배를 피우더라도 연기가 흘러가 불쾌함을 줄 수도 있고, 간혹 다툼이 생겨 경찰이 출동하는 때도 있다.

이사를 오면서 이곳에 사는 지인에게 물어봤다.

"공간 배치를 어떻게 할지 고민 중이야. 좋은 생각 있어?"

"소품이나 장갑처럼 자주 쓰는 물건은 1층에 둬야 해. 2층이 생각보다 멀고 잘 올라가지 않게 되거든. 혹시라도 빠뜨린 물건이 있으면 바로 들어와 다시 챙겨 나갈 수 있도록 하는 게 중요해."

단순해 보이는 이 소소한 사항이 살아보니 귀중한 생활의 지혜임을 깨달았다. 우리 집도 자주 쓰고 밖에 나갈 때 필요한 물건들을 1층 방에 두고 사용하고 있다.

우리 동네는 아이가 둘 이상인 가정이 대부분이다. 놀이터까지 가지 않아도 이곳저곳 아이들이 모여 있다. 그러다 밥 먹을 시간이 되면 흩어져서 각자 집으로 돌아간다. 입주민보다는 마을이라는 공동체의 일원으로 살고 있다. 적절한 차단과 개방성이 공존하는, 느슨하게 내밀한 단지의 성격 덕에 이웃과 소소한 행복을 나누는 생활이다.

회사 이전 계획에 따라 갑작스럽게 타지로 내려온 우리 부부에게 세종시는 친구 하나 없는 외로운 섬이었는데, 이 동네에 온 후로 편안하고 따뜻한 친구와 동네 이웃이 생겼다. 그전에는 피부에 와닿지 않던 마을, 공동체라는 단어가 어떤 느낌인지, 그 속에서의 생활이 주는 따뜻함은 무엇인지 알게 되었다.

거창하게 이야기했지만 실제로 그리 끈끈하거나 공동으로 무언가를 하는 일이 많지는 않다. 공통의 이슈가 있을 때는 활발하게 모임이 운영됐지만, 현재는 임대주택 거주자와 분양주택 거주자가 섞여 있다 보니 서로의 이해관계가 달라 이전과는 온도 차이가 확실하다. 지금은 주민 간 성향이 달라서 마음 맞는 이들끼리 같이 식사만 하는 정도다.

1
2

1 각 집은 주택과 마당을 독립적으로 사용한다. 관리사무소가 있어 단독주택의 장점을 누리면서 유지, 관리 문제를 혼자 해결하지 않아도 되는 장점이 있다. 우리는 이곳에 와서 좋은 이웃과 친구를 만나며 외로운 신도시 생활을 극복했다. **2** 로렌하우스 길 건너에 자리한 유럽마을 단지. 세종시에는 우리 집과 같은 블록형 단독주택이 꽤 많이 조성됐다.

남편에게 단독주택은

단독주택에 사는 가족의 이야기를 들어보면 취미 겸 특기가 풀 뽑기고, 집을 손보는 일은 대부분 남편의 몫이라고들 한다. 단독주택에 오는 순간 남편들은 소파와 한 몸이 되어 손에 리모컨을 쥐고 보내는 주말과 이별했는데, 겪어보니 생각보다 즐겁다며 허허 웃는다. 하지만 내 남편은 조금 다르다. 한참 경력을 쌓고 자신의 분야에 많은 열정과 시간을 투자할 시기여서일까? 어쩌면 대학에서부터 전공한 경제학이 사고 전반에 영향을 미치기 때문일 수도 있다.

2023년 여름, 세종시는 우리 단지 바로 뒷산인 고운뜰 공원에 모두의 놀이터를 만들었다. 그 공원으로 올라가는 길은 단지의 바로 옆 언덕에 만들어졌다. 그런데 산책로를 만들면서 토사가 배수로를 막아 우리 집으로 들어오는 바람에 비가 오자 마당이 침수됐다. 마당과 거실을 나누는 건 고작 유리문 하나인데 흙탕물이 쏟아져 들어오니 불안했다. 남편의 연락을 받은 관리사무소가 세종시청에 이 사실을 알린 다음에야 상황이 해결되었다.

한창 바쁜 남편에게는 이런 일을 처리하는 과정이 약간 부담되는 모양이다. 마당에서 풀을 뽑는 일도 기회비용으로 느껴진다고 농담 삼아 이야기한다. 남편은 본인이 사는 환경으로는 아파트나 이곳이나 크게 다르지 않다고 한다. 일터와 가정 사이를 바쁘게 오가는 성실하고 책임감 강한 남편의 하루는 매일 분주하다. 아마 삶이 조금만 더 여유롭다면 남편도 우리처럼 이 집에서의 시간과 환경을 누리며 좋아하게 될지 모른다.

물론 남편도 아이들이 맘껏 뛰어노는 환경에는 매우 만족한다. 남에게 폐 끼치는 상황을 굉장히 꺼리기 때문에 두 아이, 특히 네 살짜리 아들을 아파트에서 키웠으면 뛰지 말라고 노심초사 걱정을 했을 텐데, 그런 말이 필요치 않은 것은 정말 좋다고 한다.

학교와 유치원이 끝나면 아이들은 나와 함께 마당에서 음악을 틀고 풀을 뜯고 잡초를 뽑고 흙을 푸고 논다. 얼마나 정겨운 장면인가. 비가 와서 물이 고여 있으면 개구리도 잡는다. 소중한 추억이다. 만약 직장에서 보내는 시간이 너무 긴 가족이 여기에 산다면, 이러한 거주환경을 우리만큼 만끽하지 못할 수도 있다.

그러나 지금은 이곳을 떠난 한 가족은 다시 아파트로 돌아가니 너무나 답답하다고 하소연한다. 아이들이 크면 시골에 집을 짓고 살고 싶다고 하니, 우리 집이 반드시 아이가 있는 가족에게만 좋은 집은 아닌 듯하다. 이사 간 이웃의 그 심정이 이해가 가서 고개가 끄덕여진다.

우리 집은 단지 가장 안쪽에 있어 뒷산과 마주한다. 덕분에 아침저녁으로 상쾌한 자연의 향기를 만끽한다. 그러나 산 위쪽에 산책로를 조성하면서 흘러든 토사가 마당으로 몰려드는 일을 겪기도 했다. 단독주택에서의 삶이란 끊임없이 벌어지는 집 돌보기의 연속이다.

부족한 2%

보통 단독주택에 산다고 하면 넓고 여유 있는 정원이나 테라스가 있는 집을 머릿속에 그리나 보다. 우리 집에 놀러 온 친구가 물어본다.

"마당이 좀 좁지 않아? 바로 옆에 집이 있는 느낌이잖아."

"마당 크기는 아이들 놀고 고기 구워 먹기에 적당해. 하하."

마당이 더 컸다면 남편의 낯빛이 그만큼 어두워졌을지도 모른다.

"그런데 모든 층의 면적이 같은 건 좀 불편해. 아이들이 어려서 2층은 잠잘 때만 올라가거든. 아파트는 한 층을 넓게 쓰잖아. 그래서인지 여기는 좀 좁게 느껴져. 1층은 더 넓었으면 좋겠어."

내심 이 집이 완벽하다고 생각했는데 살펴보니 약간의 아쉬운 점도 보인다.

우리 집은 거실 위가 뚫려 있어 시원한 공간감이 느껴진다. 하지만 아이들이 어리다 보니 자칫 떨어질까 봐 겁이 나기도 한다. 게다가 마당이 약간 좁긴 해도 미니 옥상을 잘 활용할 줄 알았는데, 생각보다 사용할 일이 없었다. 역시 위층 공간의 활용성은 확실히 떨어진다. 가능하다면 1층을 넓게 만드는 편이 좋았을 법했다. 우리와 달리 가까운 이웃 부부는 옥상 테라스에서 아침 요가를 한다. 같은 구조의 집이라도 역시 사는 사람에 따라 쓸모가 달라진다. 또 다른 아쉬움이라면 우리 단지 바로 앞에 있는 유럽마을 단지처럼 주차 차양막이 있었으면 편했을 것 같다는 점? 우리도 작년 여름에 설치했는데 거센 비바람에 부러지고 말았다.

우리는 현재 임차로 이 집에 거주하지만 분양을 받은 분들은 장기 시설충당금 적립하고 싶다고 하셨다. 단지를 보수할 일이 있을 때 임차 거주자의 비용은 LH가, 분양받은 가구는 개인이 부담하게 된다. 얼마 전 쓰레기 처리 설비인 크린넷에 문제가 발생했을 때도 분양 가구는 보수 비용을 집주인이 부담해야 했다. 단지가 생긴 지 이제 6년째로 접어드니 점차 비용이 드는 일과 고쳐야 할 부분들이 생길 텐데 방법을 마련할 시점이 된 것 같다.

1층은 거실과 침실 하나, 2층은 침실 두 개와 가족실, 3층은 다락으로 구성된다. 아이들이 어리니 2층은 주로 잠잘 때만 이용해서, 1층 면적이 좀 더 넓었으면 하는 바람이 있다.

1	
2	3

1 거실 위로 트여 있어 개방감이 느껴지는 2층 복도.　**2** 2층 침실. 대부분의 생활이 1층에서 이뤄지다 보니 2층은 잠을 자거나 휴식하는 공간으로 사용된다.　**3** 2층 가족실은 주로 아이들이 책을 보고 공부하는 공간으로 사용하고, 아직은 아이들이 어려 침실을 함께 사용한다.

4 계단실과 보이드 공간엔 안전을 위해 난간을 설치했다. 아파트에서는 느끼기 어려운 풍요로운 공간감을 준다.   **5** 아늑한 다락은 가족 영화관이나 아이들 놀이 공간이 되기도 한다.   **6** 다락을 통해 나갈 수 있는 옥상 테라스. 생각보다 많이 이용하지는 않지만 여름에는 모기가 이곳까지 올라오지 못해 바비큐 공간으로 안성맞춤이다.

다음에 살 집은?

안타깝게도 이 집을 분양받지 못한 우리 가족은 2026년이면 다른 곳으로 떠나야 한다. 마음 같아선 아이가 클 때까지 임대든 분양이든 이곳에 계속 살고 싶지만, 그게 어렵다면 첫째 아이가 초등학교를 졸업할 때까지만이라도 살았으면 한다. 하지만 그 또한 여의찮다면 좀 넓은 면적의 아파트 저층도 고려하고 있다. 세종시가 지방 도시긴 해도, 32평 면적에 8억 원대를 호가하는 아파트 값을 보면 심란해진다. '그 돈으로 아파트에 사는 게 과연 맞는 건가? 그 돈이면 내가 집을 짓고 살 수도 있을 텐데' 하는 생각도 한다. 그러다가도 마음은 주택을 짓고 싶지만, 재테크나 미래를 생각하면 아파트가 맞나 하는 쉽지 않은 두 개의 선택지 사이에서 갈등한다.

단독주택을 짓는 것은 아직 망설여진다. 물론 나대지를 사서 집을 지으면 원하는 형태와 구성의 주택을 지을 수 있고, 향후 토지의 시세차익도 기대할 수 있지만, 집 짓기는 여전히 어렵게 느껴진다. 지금은 도시계획을 연구하는 남편이 말하길, 건축은 완전히 다른 이야기라고 한다. 우리 가족에게 집 짓기는 아직도 막연히 멀고 어려운 이야기다.

사계절이 있는 집

이전에는 이렇게 사계절을 느끼면서 살아본 기억이 없었다. 이제 겨울엔 눈놀이, 봄엔 꽃놀이, 여름엔 풀 놀이, 가을엔 낙엽과 단풍놀이를 한다. 이웃집 아이가 할아버지에게 받아와 키우던 병아리가 무럭무럭 자라서는 새벽마다 목청껏 꼬꼬댁을 외쳐 아침을 알려주던 때도 있다. 날이 더워져 사람들이 창문을 열기 시작하자 닭은 할아버지의 농장으로 돌아갔지만 신도시 한복판에서는 느낄 수 없는 재밌는 경험이었다.

미국의 빌라, 한국의 아파트에서도 생활해 본 딸은 이 집을 정말 좋아한다. 학교가 가까워 좋아하는 것도 물론 크다. 둘째 아이도 마찬가지고, 친구 집, 우리 집 없이 동네 아이들과 어울려 뛰어놀며 하루하루를 즐겁게 보낸다. 가끔 벌레며 물난리며 아파트에서라면 신경 쓰지 않아도 될 일이 생기긴 해도, 마음 맞는 사람들과 교류하는 것도 즐겁고 전반적으로 삶의 질이 좋아졌다고 남편도 이야기한다.

우리 가족은 이곳으로 이사를 오자마자 코로나에 걸렸다. 당시에는 확진 판정을 받으면 2주 동안 격리 생활을 해야 했는데, 그때 아파트에 살았으면 얼마나 힘들었을까 싶다. 이곳에서는 내 마당에 나가고 옥상에 가니 간힌 느낌이 전혀 없었다.

단지 안에서 각자의 라이프스타일을 추구하고 대부분 조용한 생활을 하지만, 핼러윈이 되면 우리 동네는 활기가 가득 넘친다. 의상을 입고 돌아다니는 행사가 아이들에게는 너무나 소중한 추억이고 즐거움이다. 멀리 이사 간 친구도 사탕을 얻고 놀이에 참여하고 싶어 다시 방문하기도 한다. 여름 해의 뜨거운 열기를 시원하게 이겨낼 수 있는 물놀이도 중요한 이벤트다.

아이의 바람처럼 평생 살지는 못하더라도 가능한 한 오래도록 이곳에 머물고 싶다. 임대한 주민들은 계약 기간이 끝나면 이 단지를 떠나야 한다. 주민이 떠난 집은 LH에서 아직 새로운 입주민을 받지 않아 지금은 빈집으로 남아 있다. 이미 10세대 정도의 집이 비었다. 이렇게 좋은 환경에 빈집이 있는데 사람이 살 수 없다는 것은 아쉬운 일이다.

우리가 사는 이곳처럼 마을을 느낄 수 있는 집들의 모임이 이곳저곳에 생긴다면 삶의 여유가 도시로 넓게 퍼져 나갈지도 모른다. 아파트를 떠나 공동체 마을을 발견한 생활 속에는 부동산으로 치환되지 않는 더 뜻깊은 가치가 있다. 로렌하우스에서의 생활은 우리 가족에게 사계절을, 내면의 고요를, 안정을, 친구를, 행복과 자연을 선물했다. 우리 아이들 마음 깊은 곳에 여기서의 시간과 추억이 늘 함께할 것이다.

우리 동네에는 사계절이 살아있다. 현관문만 열면 바로 자연과 계절을 마주한다. 꽃, 눈, 비, 단풍 속에서 항상 뛰어노는 아이들은 건강하고 즐겁다. 특히 눈이 오는 날이면 아이들은 아침부터 분주하다.

5 집수리의 모든 것

아내(언어재활사) + 남편(건축환경 엔지니어) + 딸(13)
+ 아들(11) + 할머니 + 할아버지 + 증조할머니

주택 생활 8년 차

#경기 하남시

#집 짓기의 기쁨과 고난

#신도시 단독주택

#집 짓기 시행착오

#부족한 예산

비 새는 집

집을 짓고 뿌듯한 맘으로 들어와 산 지 7년째다. 모든 것이 만족스럽다. 우선 아이들이 눈치 보지 않고 뛰어놀 수 있는 것. 장인어른은 바라던 대로 텃밭과 장독대를 꾸려놓고 시시때때로 싱싱한 채소(심지어 더덕까지)를 따 먹는다. 날씨가 좋을 땐 친구나 이웃과 옥상 테라스에서 바비큐를 하고, 아이들은 종종 블루투스 마이크로 신나게 노래도 부른다. 음악이나 영화를 볼 때 볼륨에 신경 쓰지 않아도 되고, 거실 벽을 뚫어 배관을 갖춘 로스터로 커피콩도 직접 볶는다.

그런데 희한하다. 실력 있는 건축가가 분명히 애정을 담아 세심하게 설계했다. 돈독한 신뢰 관계를 기반으로 시공사 또한 열심히 집을 지었다. 입주 후에도 문제가 생기면 책임감 있게 하자 보수도 해주었다. 그런데 우리 집은 물이 샌다. 정확히 말하면 물이 샜었다.

우리 집은 세 가구가 산다. 초등학생 두 명이 있는 우리 부부 가구, 아내의 부모님과 증조할머니가 함께 사는 가구 그리고 부족한 건축비 마련을 위해 임차세대로 한 가구를 더 계획했다. 모든 것이 완벽하게 좋을 수는 없었는지, 방수 문제가 발생했다. 치명적이진 않지만 이래저래 손이 많이 가는 안타까운 존재였다.

우리 집에 물이 샜다면 그나마 속이 편했을 텐데, 하필 임차세대에 먼저 물이 샜다. 2층을 전세로 내주었는데, 공교롭게 여기서 물이 새기 시작했다. 세를 준 공간이 물이 새는, 하자 있는 곳이라면 집주인은 죄인이나 다름없다. 3억 원이 넘는 큰돈을 맡기고 따뜻한 보금자리를 꿈꾸며

왔는데 비가 새다니…. 그 미안함은 이루 말할 수 없다. 행여나 누수 때문에 가구나 옷이 젖으면 그 변상은 주인의 책임이 될 위험도 있다.

2017년 봄, 집을 짓고 입주하면서 은행 대출금을 상환하려고 2층을 전세로 내놨다. 당시 시세는 3억 5천만 원 정도다. 조금이라도 빨리 임차인을 구하고자 금액을 낮췄고 젊은 부부가 바로 입주해 1년을 살았다. 그다음 가족은 아빠가 인터넷 부동산 임대업을 하는, 귀여운 딸이 한 명 있는 부부였다. 동네를 다 돌아보고 우리 집이 가장 예쁘다며 찾아왔다. 집에 관해선 전문가라고 할 수 있는 사람의 이야기에 뿌듯한 마음으로 맞이했다. 그런데 그 이후부터 집에서 비가 샜다.

그 가족 중 아빠는 인터넷으로 업무를 보기 때문에 거의 매일 집에 머물렀다. 이사 오는 시점에 실크 벽지에 잔 얼룩이 있었지만 크게 신경 쓰지 않았는데, 알고 보니 벽지 뒤로 곰팡이가 슬고 있었다. 그전 가족이 살 때부터 집에 물이 샜던 것이다. 이때부터 누수와의 전쟁이 시작됐다.

1
2

1 2024년의 우리 집. 막 지었을 당시에 비해 나무가 울창해졌고 주변에도 대부분 집이 들어섰다. **2** 집을 막 지은 당시의 집의 모습. 나무 하나 없고 주변은 빈 땅이 많아 휑한 모습이다. 덕분에 집의 형태와 디자인, 라임스톤, 회색 전벽돌, 따뜻한 나무 색과 질감의 대비와 조화를 잘 볼 수 있다.

지붕 위의 수영복 맨

처음에는 시공사에 연락했다. 시공사는 두 번이나 지붕 전체를 다 뜯어내고 방수공사를 진행했지만 해결되진 않았다. 이후에도 이곳저곳 네 번 정도 재시공했다. 몇 번의 공사와 확인을 숨바꼭질하듯 반복했다. 아침 출근길에 연락을 받고 다시 집으로 돌아간 일만 다섯 번쯤 된다. 이 정도로 노력했으니 누수 사건은 정리된 줄 알았는데, 큰비가 오자 어김없이 물이 샜다. 도대체 무엇이 문제일까? 설계와 감리를 아무리 열심히 해도 현장의 작업자가 자기 방식대로 일하는 상황을 막을 수 없기 때문일까?

상황이 이쯤 되자 시공사에서 파견한 방수 업체에만 맡겨둘 게 아니라 내가 직접 해결해야 한다는 결론에 도달했다. 방법이 없지 않은가? 임차세대에는 미안하다고 연신 고개를 숙이고 한쪽으로는 문제의 원인을 파악하기 위해 이런저런 자료를 찾아보는 수밖에 없다.

비가 닿는 집의 외부 어딘가, 물이 파고드는 틈의 위치를 찾아야 했다. 주말마다 옥상과 지붕의 배수로를 청소하고, 물이 고일 만한 곳을 찾았다. 방수가 깨진 곳은 없는지, 공사가 미흡해 보이는 부분까지 샅샅이 조사했다. 그렇게 미심쩍은 부분을 발견하면 알맞은 재료를 사다가 직접 방수공사도 했다. 인건비를 완전히 제해도 이때 쓰인 재료비만 2백만 원이 훌쩍 넘는다.

한두 번 공사로 잡힐 문제였다면 아마 그렇게 속을 썩이지 않았을 것이다. 이쪽을 손보면 저쪽으로 새던 물은 급기야 1층 장인어른 댁 거

실 천장까지 침범했다. 도대체 어디지? 어쩔 수 없다. 비가 제대로 쏟아
지는 날, 옥상에서 배수 과정을 직접 지켜봐야겠다는 생각에 이르렀다.

　폭우가 미친 듯이 퍼붓던 장마철 밤. 드디어 나는 수영복을 입고 지
붕으로 올라갔다. 누가 봐도 놀랄 만한 차림이다. 밤이니 어두운 데다가
장대비가 시야를 가리는 와중에 길에서 지붕을 유심히 쳐다보는 사람
은 아마 없었을 것이다. 행여 이를 목격한 누군가가 신고 전화를 한대도
이상하지 않은 상황이었다. 하지만 창피하다는 생각은 사치였다.

　맨몸에 수영복만 달랑 걸치고 랜턴을 손에 들었다. 지붕 위 이곳저
곳을 모조리 훑어봤다. 배수로를 청소하며 끊임없이 고민했다. 바로 옆
에 한강을 끼고 있는 하남은 토질 자체도 배수에 불리한 데다 원래 강수
량이 많은 지역이다. 배수가 신속하게 이뤄지지 않으면 순식간에 고인
물이 어디론가 새는 게 당연했다.

　한번 시작한 이 탐험은 장마철 연례행사가 되었다. 나는 비가 오면
옥상으로, 지붕으로 올라갔고 이를 본 아이들도 따라 올라온다고 졸랐
다. 시시때때로 지붕에 올라가는 나를 보고 아이들이 기대에 부풀어 말
했다.

　"아빠, 나도 올라갈래!"

　"안 돼. 여기 되게 높아. 떨어지면 어떻게 하려고?"

　"조심하면 되지. 아빠도 안 떨어지잖아!"

　"엄마가 걱정할 텐데. 한 번 물어봐. 올라오면 무서워서 울걸."

　"엄마! 나 올라가도 되지? 아빠는 맨날 올라가잖아."

　"안 돼! 올라가지 마세요. 너희들 제정신이야? 지붕이 얼마나 높은

데, 떨어지면 큰일 나요. 유치원도 못 가고 친구도 못 만나요. 위험해. 절대 안 돼요!"

"싫어, 올라갈 거야. 안 떨어지면 되잖아."

"아빠는 지붕 고치러 간 거야. 놀려고 올라간 게 아니고. 너희 올라가서 막 다니다 망가져서 물 더 새면 어쩌려고? 할아버지 밤에 주무시는데 물이 막 쏟아지면?"

"아빠가 훨씬 더 무겁잖아. 나는 가볍고. 살살 다니면 되지!"

두 살 많은 누나는 동생보다 논리적이다.

말한다고 듣는 애들이 아니다. 떼쓰고 조르고 심통 부리고 다시 조르기를 반복해 둘 다 기어이 올라갔다. 집은 2층에 더해 박공 다락이 있어 제일 높은 곳은 거의 3층에 가깝다. 그래도 아이들은 무서워하기는커녕 신이 났다. 쿵쾅쿵쾅 뛰기까지 한다. 방금 살살 다닌다고 말하지 않았던가? 비 새는 집 지붕을 아예 내려 앉히기로 작정했나 보다. 아빠의 처절한 몸부림과 비장함을 아이들이 알 리가 없다.

지붕 오르기에 맛을 들인 아이들은 이후 옥상 테라스에 그늘막을 칠 때도 지붕 위에서 설치를 도왔다. 아마 이때부터 내 마음 속에 물과의 진한 친밀감이 무럭무럭 자란 것 같다. 물 새는 집을 고쳐야 한다는 의지는 우리 가족을 익스트림 스포츠의 세계로 이끌었다. 얼마 후 프리다이빙을 시작한 나는 딥다이버가 됐다.

지붕이 그리 높지 않아 아이들도 쉽게 오르내린다. 어떻게든 집을 고치려는
아빠의 비장한 맘을 모르는 아이들은 그저 즐거워했다.

기묘한 보은

거의 4년 동안 완벽한 방수를 위해 고심하고 노력했다. 한여름 뙤약볕 아래에서 여섯 시간 가까이 옥상 구석구석을 노려보고, 7m 높이 사다리를 타고 벽에 매달려 이곳저곳을 살피는 모습. 이게 주말 일상이었다.

어느 화창한 주말, 나들이를 마치고 돌아오던 2층 가족이 옥상에서 땀범벅이 되어 공사하는 나를 봤다.

"안녕하세요! 좋은 데 다녀오시나 봐요."

지붕에서 먼저 반갑게 인사를 건넸다.

"네, 날씨가 좋아서요. 고생이 많으시네요. 힘드시죠?"

아내 분이 밝게 답했다.

"고생은요. 이놈의 누수가 완전히 잡혀야 할 텐데요. 하하. 오늘 공사했으니 좀 기다려 봐야 할 것 같아요."

"네, 감사해요. 열음이 아빠는 대단하세요!"

살다 보면, 같은 상황에서도 상대방의 태도에 따라 그 결과가 달라지곤 한다. 불만이 크게 생길 수도, 별일 아닌 것으로 여길 수도 있다. 우리 집 일이 딱 그랬다. 주말마다 온갖 방법으로 노력하는 내 모습이 진심으로 느껴졌는지 임차세대 가족은 기다림으로 화답해 주었다.

사실 그들의 불만이 일정 수준에 그쳤던 건 나의 정성에 감동했기 때문만은 아니다. 계약 이후 주변 시세가 계속 오르면서, 평균 전세 가격은 4억 5천만 원 정도였다. 그러나 우리 집은 하자가 있다 보니 계약을 갱신할 때도 전셋값을 유지했다. 주변보다 1억 3천만 원은 저렴했기 때문에 비로 인한 불편함이 어느 정도 상쇄되었을 것이다.

내 잘못으로 비가 새는 것은 아니지만, 내 집에 사는 이가 겪는 불편은 엄연히 나의 책임이다. 몇 년에 걸쳐 지붕 전체와 벽 이곳저곳을 손봤지만 문제는 여전했다. 그렇다면 집 내부까지 전체적으로 고쳐야 하는데, 거주자가 있는 상태로 방수공사를 하기는 어려웠다. 그래서 임차 계약이 끝나는 시점에 맞춰 집을 완전히 비우고, 전체 방수공사를 다시 하기로 했다. 4년 6개월 동안 거주하던 가족이 이사를 가게 된 2023년 5월에 대대적인 작업을 시작했다.

집 전체에 지붕, 옥상, 테라스, 벽까지 하나하나 꼼꼼히 방수공사를 새로 했다. 이 정도면 방수의 모든 것을 갖췄다고 자부할 수 있다. 그런데 큰비가 내리기 전까지는 결과를 알 수가 없다. 여름이 끝날 무렵 공사를 마쳤다. 확인하려면 해가 바뀌어 장마철이 되어봐야 아는데 그렇다고 방 세 개짜리 집을 비워둘 만큼 여유가 있지도 않았다. 그렇잖아도 세입자에게 줄 전세금을 위해 3억 원에 가까운 대출을 받고 매달 그 이자를 마련하느라 고군분투하는 상황이었다. 집을 1년 가까이 놀린다는 것은 말이 되지 않았다. 이를 어떻게 한담?

한편, 아이들이 커가면서 공간이 부족해졌다. 우리에게 주어진 방은 2층에 자리한 침실 두 개와 다락이 전부였다. 두 집을 터서 면적을 늘릴까? 하지만 그렇게까지 큰 공간이 필요한 건 아니고 무엇보다 경제적 부담이 크다. 그러던 중 번뜩 머릿속에 생각이 떠올랐다. 필요할 때 우리 가족도 사용하면서, 비어 있는 시간에는 공간을 빌려주는 사업을 해 보자! 매달 이자를 내느라 버거운 상황에 나름 보탬이 될 것 같았다.

비가 새 불안한 마음에 6년간 동결 상태였던 전세금. 그 덕에 집 전체를 비우고 공사하는 대장정이 가능했다. 결과적으론 우리 가족이 사용할 수 있는 공간도 생기고, 공간 대여 사업이라는 새로운 분야에 도전할 계기가 만들어졌다. 만약 남들처럼 전세금을 올렸다면? 이자 감당이 어려워 집을 완전히 비우기가 곤란했을 것이다. 그렇다면 방수공사를 다시 할 기회도 없는 데다 사업 시도는 생각도 못 했을 게 분명하다. 올려받은 전세금은 그사이 어딘가에 써버려 예금 통장에 남아 있을 리 만무했기 때문이다. 비가 샌 덕분에 강제 저축을 한 셈이고, 그렇게 집을 활용한 다른 시도가 가능해졌다.

"이게 다 비가 샌 덕분이야. 고맙게도!"

지성이면 감천인지, '비 샌 김에 제사 지낸다'인지, 비는 나와 우리 가족에게 새로운 가능성을 선물했다.

7m가 넘는 아찔한 사다리를 타고 수시로 지붕을 오르내리고 벽을 손봤다. 매번 다리가 후들거린다. 여차하면 저승길로 갈지도 모른다는 비장한 각오와 용기가 내 집 돌보기에는 필요하다.

1	2
3	4

1,2,3 우리 집 1층은 거실 겸 주방으로만 구성된다. 아이가 둘이라 가구가 없어 공간 배치를 자주 바꾸지만 커피 로스터의 위치는 매번 그 자리다. 이 집에 와서 향상된 나의 커피콩 볶는 실력은 꽤 괜찮다고 자부한다. **4** 시시때때로 바뀌는 계단실. 아이들의 작품을 늘어놓기도, 가족의 사진을 걸기도, 책을 줄줄이 놓아 책방을 만들기도 한다. 어릴 적 다채로운 공간에 살았던 좋은 기억이 담겨 있다.

맛집 투어보다 내 집 투어

나는 어릴 때부터 집을 짓고 싶었다. 할아버지, 할머니와 함께 삼대가 살았는데, 할아버지가 집을 짓고 매우 뿌듯해하셨다. 그 모습을 보고 나도 크면 더 큰 집을 짓고 싶다고 생각했다. 살던 집의 땅이 53평이었는데 지금도 그 숫자가 또렷하게 기억난다.

태어난 곳은 아파트가 아니지만, 아내가 기억하는 생의 첫 장면은 아파트가 배경이다. 결혼 전까지도 줄곧 아파트에서 지냈다. 30년 넘게 아파트에 살았지만 어린 시절 모든 아이가 뾰족지붕을 그리면서 컸던지라, 주택 생활에 큰 거부감이 없었다.

결혼한 후 큰아이가 돌을 갓 지난 무렵에 나는 회사를 그만두고 제주도로 가서 한 달 동안 여유를 만끽했다. 가진 돈이 많지 않으니 퇴직금을 까먹는 상황이었지만, 특별한 계획 없이 잠시나마 쉬어보고 싶었다. 한 달 동안 천천히 섬을 돌아보며 우리가 살 만한 땅과 집이 있는지 살펴봤다. 별다른 기대가 없던 아내는 제주도 맛집 탐방을 당근 삼아 함께 집을 구경했다. 섬을 한 바퀴 돌며 구석구석 땅을 돌아봤다. 2013년 초봄의 이야기다.

그런데 당시 둘러본 땅의 크기는 대부분 우리가 원하는 면적보다 지나치게 컸다. 우리가 가진 서울의 32평 연립주택을 처분하고 은행의 도움을 받는다고 가정하면 700평 정도의 땅이 적당했다. 그런데 제주도에는 1천 평 이상의 땅만 있었다. 회사를 그만두었으니 일자리가 필요했고, '제주도에 온다면 감귤 농장을 해 볼까'라는 계획도 있었다. 농사를

직접 짓지 않고 위탁하면 대략 2천만 원의 수입을 얻을 수 있다는 정보
도 수집했다. 하지만 우리가 찾는 적당한 크기의 땅을 만나지 못해 제주
도 정착의 꿈은 버려야 했다.

　서울로 돌아온 후에도 집 찾기는 계속됐다. 결혼 후 거주하던 집은
서울 광진구 중곡동의 연립주택 2층이었다. 아차산으로 연결된 등산로
인근인 데다가 지하철역도 가까워 좋았지만, 집에 맞닿은 2차선 도로로
끊임없이 차가 오갔다. 게다가 집 바로 뒤에 높은 주차타워가 들어서면
서 아이를 돌보기에 안전하지 않은 환경이 됐다. 열음이가 걷고 돌아다
니기 시작한 뒤로는 사고가 날 것 같아 점점 불안해졌다. 아이가 어린이
집에 가면서 빨리 집을 지어야겠다고 결심했다. 그뿐 아니라 아토피가
심해 힘들어하던 아이를 보니 주변 환경이 영향을 미치나 걱정이 됐다.

　주말이면 아이를 데리고 근처 땅을 보러 다녔고, 둘째 해온이가 태
어난 후에도 집 지을 땅을 찾는 여정은 일상적인 가족 나들이가 됐다. 더
구나 결혼 전 부모님과 가까이 살고 싶다던 아내의 부탁을 평생 지키고
싶었다. 온가족의 땅 찾기, 집 찾기는 장인, 장모님과 함께 살 만한 집을
목표로 해를 두어 번 넘길 동안 계속됐다.

　하남미사의 땅을 만나기까지 2년 동안 수많은 땅과 집을 찾아갔다.
판교 단독주택용지를 알아보기도 하고, 남양주 땅콩주택으로 이사를
갈까 고민한 적도 있었다. 남양주 땅콩주택은 하나의 필지를 두 집이 나
누어 쓰는 구조라 장인어른 집과 두 세대를 함께 사야 했다. 마당은 좋지
만 교통이 너무 불편하고, 무엇보다 그저 방을 위로 쌓아 올린 듯한 집
구조가 엉망이었다. 기존에 살던 집보다도 좁아 오래 살 만한 공간은 아

니었다. 제주도에서 괜찮은 땅을 발견해 경매를 준비해 봤지만 입찰까지 이어지진 않았다.

방탱이 마을의 만남

하남에는 '방탱이 마을'이란 곳이 있다. 도대체 방탱이가 무엇인지 찾아보니 물이나 술을 담는 질그릇의 사투리라고 한다. 조정경기장 근처에 자리한 이 마을은 신도시 조성 전부터 하남 토박이들이 모여 살던 곳이라고 했다. 토속적인 느낌의 이름과는 다르게 깔끔하고 아늑해 보였다. 토끼가 뛰어다니고 물이 흐르는, 예쁜 집들이 모여 있는 동네. 아내는 이곳을 블로그에서 우연히 알게 되었다. 우리 집과 그리 멀지 않아 여느 주말처럼 어떤 집이 있는지 구경하러 갔다. 2015년 가을의 일이다.

유아차를 밀면서 꽤 규모 있고 예쁜 단독주택이 모여 있는 동네 분위기를 천천히 느끼고 있었다.

연세가 있는 어르신 한 분이 다가와서 말을 건넨다.

"동네 구경 왔어요? 아이들이 예쁘네요."

"안녕하세요. 네, 동네가 참 좋아요! 조용하고 집들도 다 멋지네요."
내가 답했다.

"이 동네 사세요? 너무 좋으시겠어요."
아내도 할머니께 말씀을 건넸다.

"젊은 사람들이 아이 키울 집을 찾는구먼. 이 동네 집들 좋죠? 반갑네요. 난 여기 꽤 오래 살아서 동네 구석구석을 잘 알아요."

"저희는 아이가 둘이라 마당 있는 주택에 살면서 아이를 키우는 게 꿈이거든요."

"그래? 아유 반갑네. 난 이 동네 토박이거든. 내 딸도 이쪽에 집 짓고 살고. 시간 되면 같이 우리 딸이 하는 빵집에 한번 들러 볼래요?"

동네를 좀 더 자세히 알 수 있는 기회라 할머니 말씀이 반가웠다.

"감사합니다. 저희야 너무 좋죠. 그치만 바쁘신데 저희 때문에 괜히 번거롭게 된 건 아닐까요?"

"아니야. 심심하던 참이었어. 젊은 사람들한테 동네 자랑하면 좋지. 혹시 알아? 우리 동네로 이사하게 될지? 하하."

시원하게 웃으며 앞서 가는 할머니를 따라갔다. 아기자기하게 꾸며진 베이커리 카페였다. 사장님은 이 지역을 중심으로 주택 건축 사업을 하는데, 빵도 굽고 직접 카페도 운영하는 시대를 앞선 'N잡러'였다.

함께 얘기를 나누다 방탱이 마을에 매매가가 10억 원 정도인 집이 있다는 정보를 들었다. 내친김에 부동산에 연락해 직접 가봤지만 그다지 맘에 들지 않았다. 그러자 부동산에서 근처에 곧 들어설 하남미사 신도시에 단독주택 용지가 있다며 한번 가보자고 제안했다. 방탱이 마을과 뚜렷한 경계가 없는 가까운 동네였다.

다시 땅을 보러 나섰다. 허허벌판에 아무것도 없으니 어디에 집이 들어서는지 알기 어려웠다. 하지만 지도에 보이는 주택용지 블록은 규모도 크고 위치도 꽤 괜찮아 보였다. 이제 중요한 건 예산인데, 장인어른 댁과 비용을 합치면 살 수 있을 것 같은 땅이 있었다. 76평짜리 땅으로 블록의 끝자락에 있었다. 그런데 땅 소유주에게 연락이 되지 않았다. 좀 더 기다려야 하는 상황이었다. 지도를 보며 부동산 사장님께 여쭤봤다.

"또 어떤 땅이 나와 있어요?"

사장님이 손가락으로 지도 위의 몇 곳을 짚으셨다.

"어, 저 땅도 살 수 있는 건가요?"

기다란 블록 중심부. 북쪽은 도로, 동쪽은 보행자 전용도로, 남쪽으로는 어린이 놀이터가 있는 땅이 눈에 쏙 들어왔다.

"네. 그런데 그 땅은 훨씬 커요. 거의 83평이라 훨씬 비싼걸요."

애초 계약하려 했던 땅 주인과 연락이 닿지 않는 행운이 따른 덕에, 차를 마시며 집을 지으려는 이유를 다시 한번 생각해 봤다. 정형화된 형태의 땅이라 더 좋아보이기도 했다. 이 땅과 비교하니 처음에 계약하려 했던 땅은 직각도 아니고 답답하게 느껴졌다.

드디어 땅을 산다는 설렘 때문에 처음 본 땅이 좋게만 보였나보다. 아파트의 답답함을 해소하기 위해 주택을 지으려는 건데, 옆집이 바짝 붙어 있으면 크게 다를 바가 없을 것 같았다. 이와 달리 두 번째 땅은 삼 면이 열린 데다 녹지와도 맞닿아 있어 만족스러웠다. 고민 끝에 원래 예 산보다 6천만 원 초과했지만 두 번째로 본 큰 땅을 사기로 했다.

토지 가격 7억 6천만 원 정도에 취·등록세를 내니 기존에 생각했던 집 짓기 예산을 전부 소진했다. 하지만 월등히 좋은 조건의 땅을 만난 기쁨은 정말 컸다. 모자란 비용 정도는 어떻게든 마련할 수 있을 것 같았다. 그렇게 햇수로 3년을 찾아다녀 우리는 맘에 쏙 드는 땅을 만났다. 2015년 9월의 일이다.

1	2

1 우리 집에는 크고 작은 발코니가 많다. 공간마다 기분과 느낌이 다르다. 발코니를 이곳저곳 만들다 보니 건축법상 용적률이 조금 여유가 있지만 그래도 크고 작은 발코니만의 매력이 좋다. **2** 옥상 테라스에서 내려다본 모습. 바로 앞이 어린이공원이라 멋진 소나무도 우리 집 정원수로 보인다.

잘못된 만남

땅을 사면 바로 건축설계를 진행하고 머잖아 집을 지을 줄 알았다. 땅을 찾는 긴 시간 동안 시중에 나온 집 짓기 책을 꽤 많이 읽었고 잡지, 블로그를 열심히 뒤지며 자료를 모았다. 자신감이 생긴 나는 건축사사무소를 찾아 원하는 집을 설명한 다음, 열심히 건축비를 마련하면 될 거라고 기대했다. 하지만 설계의 여정은 고난의 연속이었다. 결국은 해피엔딩으로 끝났지만, 초기 석 달 동안은 문제를 해결하려 노력할수록 일이 틀어지는 악몽 같은 과정을 겪었다. 수렁에 빠졌다는 표현 그대로였다.

책에서 알게 된 건축가와 설계사무소들을 찾아가 만났다. 설계비는 3천만 원 정도로 예상한다고 전했다.

"얼마 정도 공사비를 예상하세요?"

"3억 5천만 원 정도요. 세 집이 살 주택을 지을 건데 땅값으로 비용을 거의 써서 임대세대 전세자금으로 건축공사를 해야 하거든요."

"죄송하지만 그 예산으로는 이 정도 규모의 집은 어렵습니다."

우리가 방문한 대여섯 개의 설계사무소와 건축사들이 들려준 설명이었다. 우리 땅은 건폐율 50%, 용적률 100%가 적용되어 땅 면적과 동일한 82평 정도의 건물을 지을 수 있었다. 3억 5천만 원을 83평으로 나누면 건축비가 평당 약 420만 원 드는 셈이다. 다들 그 정도의 공사비로는 설계 진행이 어렵다고 했다. 좋은 설계안을 구현하려면 시공에도 그만큼의 비용을 할애해야 했다.

심지어는 이런 말도 들었다.

"그 금액으로는 도저히 집을 지을 수 없습니다. 하지만 도와드리는 차원에서 한번 어떻게 집을 짓도록 해 볼 수는 있을 것 같은데요…."

선심을 쓴다는 말투였다. 뭔가 미심쩍었다.

그래도 설계사무소를 찾아야 했다. 그러던 중 한 책에서 코하우징이라는 단어를 접했다. 세 가구가 함께 사는 집이니 우리와 방향이 맞아 보였다. 책에서 알게 된, 코하우징 주택 설계 경험이 있는 건축가를 찾아갔다. 흔쾌히 우리 예산에 맞춰 설계를 해주겠다고 얘기했다. 그동안 여러 설계사무소에서 퇴짜를 맞은 터라 반가움이 커 더 이상 비교해 볼 생각은 들지 않았다.

건축가는 계약 시 설계비의 40%, 실시설계 도면이 나오면 40%, 착공을 하면 20%로 비용 지급을 요구했다. 설계안에 대해선 아무 설명도 못 들었는데 처음부터 큰 금액을 요구하는 것 같았지만, 드디어 일에 진전이 있다는 생각에 건축가를 믿고 계약했다. 이번 생에 집 짓기는 처음이니 계약 조건이 이상한지 알 방법이 없었다.

하지만 계약과 동시에 설계비의 40%를 지급하자 건축가의 태도가 백팔십도 달라졌다. 단 한 번도 설계가 제대로 진행되질 않았다. 계약금을 받자마자 바로 새 차를 뽑을 정도로 본인의 일에는 재빨랐지만, 정작 우리는 그럴듯한 도면 한번 받아보지 못했다. 건축가는 미팅 일정조차 단 한 번도 맞춰준 적이 없었다.

당시 우리는 오래도록 꿈꿨던 집을 드디어 짓는다는 기대감에 부풀어 있었다. 멋진 집에 어울리는 우아한 건축주가 되기로 결심했다. 건축가를 믿고 일 시작 전에 까탈스럽게 따지지 않고 넉넉하게 계약금을 주면, 건축가가 신뢰를 기반으로 멋진 집을 설계해 주리라 믿었다. 지출이 필요한 곳에 제대로 돈을 쓰겠다, 우리는 적은 금액을 갖고 실랑이하는 남들과는 다르다, 건축가에게 보여주고 싶었다.

하지만 한 달 남짓 기다려서 받은 것은 대학교 1학년 학생이 한 줄짜리 선으로 찍찍 그은 것 같은, 차마 도면이라 부르지 못할 무언가였다. 어이가 없었고 그보다 더 큰 걱정이 뒤따랐다. 우리는 빠른 시일 내에 설계도를 받아 공사를 하고 이사를 해야 하는 상황이었다.

결국 받은 그림을 참고해 직접 캐드(설계 프로그램)로 도면을 그렸고, 설계사무소에서 준 계획안보다는 이게 낫지 않냐며 제안했다. 그랬더니 이게 웬일! 해당 건축가는 연락을 끊고 잠적했다. 애간장을 졸이며 연락을 하고 또 해서 2주가 지나 겨우 이야기를 나눴다. 건축가는 여태껏 캐드 도면을 그려와 건넨 의뢰인은 단 한 명도 없었다고 했다. 내가 직접 도면을 그려 준 것이 너무나 충격적이고 자존심이 상해 잠수를 탔다는 것이다. 적반하장이 이런 수준이면 기삿감이다.

그렇게 한 달 반이 날아갔다. 그동안 도면도 없이 스케치업으로 대략적인 집의 형태만 보여준 한 번이 전부고, 사람이 살아야 할 집인데 내부 공간 구성을 보여주는 제대로 된 도면이라고는 구경도 못 했다. 매달려서 겨우 받은 스케치에는 현관이 두 개만 계획되어 있었다. 83평 땅에 2~3층으로 공간을 활용해 계획하는데도 세 집을 담기엔 너무 좁으니 우리 집과 장인어른 가구가 현관을 같이 쓰는 수밖에 없다고 주장했다.

설계비는 이미 지불한 상황에서 수습이 불가능했다. 결국 건축 전문가인 가족에게 연락해 우리가 받은 스케치를 보여줬다. 제대로 된 설계는 고사하고 기본적인 능력이 너무나 부족한 결과물이라 설계를 다시 시작해야 한다는 의견이었다. 건축학과를 제대로 졸업했는지 매우 의문스럽다는 말도 덧붙였다. 게다가 계약 착수금으로 40%를 요구하는 건 비정상이며, 겁도 없이 아무것도 보지 않고 그 돈을 덜컥 준 나는 미쳤다고 한참 아린 소리를 들었다.

곱씹어보면 구구절절 맞는 말이다. 83평은 그래도 큰 땅이고 도시계획상 한 필지에 다섯 가구까지 지을 수 있는 토지였다. 이 건축가의 논리에 의하면 다섯 가구를 계획하면 두세 집씩 현관을 같이 써야 한다는 것 아닌가? 이쯤 되면 무자격자에게 사기를 당한 것과 다르지 않았다.

더 이상 설계를 진행하기 어려웠다. 설계 도면을 받은 적도 없고 일에 진전이 없으니 계약 해지를 요청했다. 하지만 귀책을 인정하고 순순히 계약을 해지할 양심과 책임감이 있었다면 그 정도로 일을 파탄나게 만들지 않았을 것이다. 기본설계는 물론 실시설계까지 이미 진행했으니 설계비를 더 내놔야 한다고 주장하고, 더 나아가 일방적인 계약 파기에 대한 금전적 책임까지 우리에게 묻겠다는 기세였다.

비록 도면 한 장 구경도 못 하고 일정이 다 틀어져 손해를 봤어도 이미 지불한 설계비는 돌려받을 방법이 없었다. 게다가 계약을 해지하지 않으면 건축가가 자기 맘대로 이상한 도면을 그려놓고는 3천만 원을 지급하라며 일방적으로 손해배상을 청구할지도 모른다. 지금까지 한 행동을 보면 충분히 그럴법했다.

피가 마르고 잠을 잘 수가 없었다. 아무리 내 집이라도 건축설계에 들어가는 순간부터 나는 철저한 '을'임을 깨달았다. 오죽하면 변호사가 집을 지어도 건축가와 법적으로 다투면 변호사가 패한다는 이야기가 있을까? 서점에 가면 수많은 집 짓기 책과 건축가 책이 깔려 있다. 하지만 비전문가의 입장에서 밤하늘의 별만큼 많은 설계사무소 중 양심적인 곳을 만나 성실하게 고민한 설계도를 받기란 너무나 힘든 일이었다.

귀인을 만나다

사람으로 인해 겪은 고난은 결국 사람으로 치유된다. 도면 한 장 주지 않으면서 돈만 챙긴, 자격이 의심스러운 건축가와는 우여곡절을 거쳐 계약을 해지했다. 아내가 건축가와 협의한 끝에 계약금의 일부인 3백만 원을 돌려받았다. 그동안 날린 시간, 돈, 마음고생에 대해 손해배상을 요구해 마땅하지만, 그나마 마무리 지을 수 있어 다행이라고 마음을 다독거렸다. 그리고 다시 설계를 시작했다.

첫 단추를 잘못 끼운 아린 경험이 액땜 역할을 제대로 했는지, 이후부터는 모든 일이 만족스럽고 순탄하게 느껴졌다. 가족을 통해 훌륭한 건축가 두 분을 소개받았다. 윤일도 건축가는 전반적인 건축설계와 허가, 공사 감리를 맡아주었다. 김상현 건축가는 설계 단계에서 공간 구상과 디자인을 한 번 더 세련되게 발전시켜 주었다. 합리주의 건축가의 깔끔한 작품에 감각적인 솜씨가 가미된 느낌이었다. 일사천리로 3개월 만에 설계가 끝났다. 설계 내용은 아주 흡족했다. 동네에서 꽤 디자인이 잘된 집으로 손꼽힐 정도다.

게다가 감사하게도 윤일도 건축가는 빠듯한 예산, 이전 설계 과정에서 벌어진 비용 지출 사고와 같은 우리의 상황을 헤아려주었다. 디자인이나 재료에서 포기해야 하는 부분이 있었는데, 건축가가 우리 집에 애정을 쏟고 설계비를 조정해준 덕에 좋은 결과물이 완성됐다.

드디어 2016년 6월, 장마철이 시작되기 전에 공사를 시작했다. 그런데 땅에 문제가 있었다. 놀이터와 우리 집이 면한 남측 대지 경계에는 작은 관목과 큰 소나무를 심은 낮은 둔덕 모양의 녹지가 있다. 이 땅은 당시 LH의 소유였고 놀이터 외곽 녹지가 우리 땅보다 한참 높았다. LH에서 애시당초 부지 조성을 잘못한 것이다. 제대로 된 주택용지를 공급하려면 땅을 지금보다 높여서 공원 지대의 높이와 맞췄어야 했다. 우리 땅이 넓은 공원보다 낮은 탓에 비가 오면 많은 물이 우리 집으로 다 쏟아져 들어왔다. 녹지와 높이 차가 꽤 나는 바람에 우리는 꺼진 땅에 사는 느낌이었다.

하남시청에 민원을 넣었다. 우리 집으로 물이 흘러들지 않게 조치해 달라고 LH에도 요청했다. 거의 두 달이 걸려서 굴착기를 동원해 놀이터 경계부의 높은 땅을 긁어내고 나무를 다시 심었다. 이를 조정하는 데도 두 달이 걸렸다. 땅 문제에 대해서는 시공사도, 건축가도 그다지 도움을 주지 않았다. 온전히 건축주가 스스로 해결해야 하는 문제였다.

착공을 위한 건축허가 과정에서 약간의 문제가 있긴 했다. 설계 단계에서 택한 평행주차가 허용되지 않아 다시 설계를 변경하게 되었다. 바뀐 공간은 오히려 마음에 들었지만, 설비 배관에서 충분한 구배를 주기 어려워졌다.

　　지면에서 50cm만 더 띄워 집을 지었으면 어땠을까? 설계사무소에서 주변 지형지물까지 세세하게 파악해 약간 높였으면 지면과 더 분리되어 안정적인 집이 되지 않았을까? 주차 구획을 처음부터 다르게 구성하고 그에 따라 충고를 조정했다면? 누수 하자가 생기지 않았을 수도 있지 않나?

　　많은 이가 말하듯 단독주택의 가장 큰 장점은 마당과 테라스, 다락을 가질 수 있다는 점이다. 그런데 우리 집 다락은 건축법을 엄격하게 지켜 설계와 시공을 했다. 다락을 가능한 한 높여서 최대 충고가 3m에 달하는 집들이 꽤 많다. 하지만 경기도에 건축할 집의 허가를 서울의 설계사무소가 진행하다 보니 담당자의 검토 기준이 굉장이 엄격했다. 건축가는 규정에 맞춰 시공 오차마저 고려하지 않고 단 1cm도 어김없이 설계했다. 덕분에 단독주택치고는 다락이 낮은 편이다. 정직한 건축가 그리고 허가 과정 중 하남시의 텃세 덕분에 우리는 준법정신이 매우 투철한 모범 건축주가 되었다.

1	2

1 공사 당시 우리 땅과 연접한 공원 녹지의 경계 부분. 공원 녹지에 둔덕을 만들었고 우리 집 대지 레벨이 좀 더 낮아 비가 오면 물이 쏟아져 집 마당으로 들어오는 상황이었다. **2** LH에서 둔덕을 다시 조정하고 나무를 옮겨심은 후 지금과 같은 모습으로 자리 잡았다. 집 경계에 심은 나무는 사생활을 보호하면서도 내부에서 보면 앞마당이자 공원으로 느껴진다. 목재 부분에는 매년 오일 스테인을 직접 바른다.

설계보다 중요한 시공

집을 다 짓고 7년 넘게 살아보니 집 짓기에서 무엇이 가장 중요한지 이제 알 것 같다. 전에는 좋은 건축가를 만나 좋은 설계를 하는 것이 관건이라고 생각해 설계사무소를 찾는 일에 매진했다. 하지만 지금은 설계보다 좋은 시공자를 찾는 것에 더 많은 공을 들여야겠다고 생각한다. 일단 입주한 후 살면서 문제가 발생했을 때는 설계사무소가 아니라 시공사의 도움을 받아야 하기 때문이다. 설계가 탄탄해야 집을 잘 지을 수 있는 것은 당연하지만, 살다 보니 그건 일부분이지 가장 중요한 축은 아니었다.

2016년 6월 착공해 그해 겨울을 넘기고 2017년 1월에 입주했다. 현재는 불가능하지만 당시엔 가능했던 터라 직영공사로 집을 지었다. 이 경우는 10%의 부가세를 내지 않기 때문에 시공비를 낮출 수 있었다. 직영공사에서 건축주의 핵심 과제는 공정에 맞게 자금을 지급하는 것이다. 그래서 집을 짓는 동안은 미친 듯이 일을 했다.

지급 일정은 하루도 밀린 적이 없고 심지어 기일이 촉박한 요청도 다 맞춰줬다. 공조 엔지니어로 급여를 받는 본업 외에도 아르바이트를 세 개나 하면서 돈이 필요한 순간마다 따박따박 금액을 지급했으니 그 고생은 이루 말할 수 없었다. 나중에 듣기론 입주해서 살아본 후 하자가 없다는 것까지 확인하고 공사비를 지불하는 경우도 있다고 한다.

공사비로는 대략 4억 원 중반 정도가 들었다. 수전, 변기 등이 포함된 비용으로 토지 가격까지 합하면 집 전체에 13억 원 정도를 지출한 셈이다. 여기에 가구, 싱크대 붙박이장, 에어컨, 전열교환기 등의 금액은 포함되지 않았고, 직영공사에 따른 시공자들의 고용보험료, 전기 인입비, 부지 평탄 작업 시의 지질 검사, 수도 유입비 등등 수많은 부수 비용은 별도로 들었다.

13억 원 중 우리 집과 장인어른 댁이 모은 기존 자산은 7억 5천만 원 정도였다. 당시엔 LH에서 토지를 매입할 때 땅을 담보로 90% 이상 대출을 받을 수 있었다. 5억 원의 대출금은 공사 시작 전까지 완납하고 은행 대출로 전환해야 했다.

공사가 진행되는 동안은 원래 따로 살았던 장인, 장모님과 우리 집에서 함께 살았다. 두 분이 거주하던 아파트를 처분한 비용을 보태 공사를 진행했다. 공사 기간 중 대출 이자를 혼자 부담했기에 무척이나 힘든 시기였다. 다행히도 당시는 저금리 시기였다. 준공 이후엔 전세금으로 대출금을 상환하면서 형편이 약간 나아졌다. 이렇게 집 짓기의 첫 페이지가 마무리되었다.

좋은 집은 한 사람의 노력으로 이뤄지지 않는다

출발 시점의 우여곡절에도 불구하고 우리 집이 좋은 건축 디자인과 공간으로 완성됐고 만족도가 높은 이유는 무엇일까? 건축가, 시공사, 건축주까지 여러 사람의 마음과 노력이 합쳐졌기 때문이다. 다시 말하면 건축가의 실력이 탁월하거나 건축주가 돈이 아주 많다고 해서 반드시 좋은 집이 완성되진 않는다.

　건축가와 시공사는 가능한 한 우리 가족의 의견을 존중하고 반영해 줬다. 장인어른 댁은 90세를 훌쩍 넘기신, 아이들의 증조할머니와 함께 생활한다. 그래서 계단 이용의 불편함을 고려해 1층에 배치하고 마당을 주로 사용할 수 있도록 계획했다. 그와 달리 우리 가족의 공간 구성은 복층이다. 마지막으로, 임차세대는 다락과 옥상 테라스를 쓸 수 있게 2층에 배치했다. 우리 집은 1~2층, 다락, 옥상 테라스를 쓴다. 앞서 얘기한 대로 다락에는 아쉬움이 있다. 다른 집에서는 대부분 다락이 매우 여유 있고 시원한 공간인데 반해, 우리 집에서는 아늑하지만 생활공간으로는 답답하다. 혹시라도 다음 집을 짓게 되면 다락은 더욱 시원하게 만들고 싶다. 우리 의견이 반영되지 않은 사항은 아마 다락 높이 정도일 것이다.

　공간 배치 원칙이 정해지고 대략적인 형태를 디자인하면서 외장 재료를 선택해야 했다. 설계 전부터 나는 라임스톤과 검은색 전벽돌을 외장재로 점찍어 둔 상태였다. 크기가 다른 라임스톤과 벽돌을 통해 크고 작게 분할되는 면의 어울림과 더불어 부드러운 색감과 검은색의 조합이 세련된 느낌을 줄 것 같았다. 매스 디자인 후 재료를 얹어보니 맘에 드는 그림이 나왔다. 여기에 부분적으로 추가한 따뜻한 색감의 목재와 짙은 회색 철재가 차분한 배경에 생동감을 더해줬다. 미적 감각이 높은 건축가의 터치로 고급스러운 집이 완성됐다.

　물론 이러한 결과물을 얻기까지 우여곡절이 있었다. 그 세련된 디자인을 실현하려니 공사비가 부족했던 것이다. 차선책으로 라임스톤은 전면 위주로 사용하면서 옆집에 가려질 외벽 일부는 스터코를 쓰도록 계획했다. 그런데 시공사에서 건축 디자인의 완성도를 높일 수 있도록 라임스톤으로 집의 외벽 전체를 마감해 주었다.

사실 다양한 크기의 라임스톤을 사용하면 훨씬 감각적인 디자인이 완성되지만, 추가로 6백만 원이 필요한 상황이었다. 우리 재정 형편으로는 구현하기 어려운 디테일이었다. 그런데 윤일도 건축가가 비용을 우리와 반씩 부담해 시공하도록 도와줬다. 덕분에 완성도 높은 주택이 만들어졌다. 즉 우리 집을 아끼고 자기 집처럼 신경 써준 건축가와 시공사가 없었다면, 지금 집과는 상당히 다른 느낌이었을 것이다.

반면 건축가, 시공자, 건축주가 함께 노력해도 공사가 설계대로 진행되지 않는 부분도 있었다. 원래 설계 도면에는 천창이 있었지만 시공 과정에서 사라졌다. 도면대로 시공하지 않는 현장 작업자들이 종종 있다. 하지만 천창은 하자가 가장 많이 발생하는 부분이라 집에 살아본 지금은 오히려 잘됐다는 생각도 있다.

예상보다 시공비가 부족했기 때문에, 처음부터 완벽한 집을 만들겠다는 생각은 없었다. 건축비가 충분하지 못하니 살면서 차차 완성시켜 보리라 다짐했다. 준공 후 옥상 데크를 까는 데만 2년이 걸렸고, 임차 세대의 시스템 에어컨도 한참 뒤에 갖췄다. 하나씩 만들어가면서 해결 중이다. 이렇게 조금씩 집에 필요한 부분을 찾아가고 보완하는 것도 만족도를 높이는 중요한 요소다. 건축가, 시공사만큼이나 중요한 것은 그 집에 사는 사람이다.

1	2

1 공사가 진행 중인 집의 모습. 좋은 집을 짓기 위해서는 건축가, 시공사, 건축주, 그 외에도 많은 사람의 도움과 합심이 필요하다. **2** 같은 재료의 석재를 사용하더라도 돌을 어떻게 자르고 붙이느냐에 따라 디자인은 크게 달라진다. 미색의 라임스톤과 차분한 전벽돌의 조합은 집을 짓기 전부터 내가 맘에 두고 있던 재료다.

바람과 실현

저마다 집에 대한 바람과 만족하는 부분이 조금씩 다르다. 언어재활사로 활동하는 아내는 출근길에 아이를 맡겨야 하는 탓에 이동시간을 최소화하는 게 무엇보다 중요했다. 지금은 문만 열면 바로 옆에 장모님이 계시니 그 바람은 완벽하게 이뤄진 상황이다. 아내는 또한 아이들이 맘껏 뛰어놀 수 있는 내부 공간과 바로 앞에 공원이 있는 것도 굉장히 만족스럽다고 한다.

나는 연립주택에 살 때는 불가능했던 활동을 할 수 있는 환경이 매우 감사하다. 우선 거실에 기계를 설치하고 커피 원두를 직접 로스팅한다. 원두를 볶아 좋아하는 사람에게 나눠주기도 하고 원한다면 판매할 수도 있다. 바리스타 자격증을 취득하고 로스팅을 하면서 맛과 향에 빠진 나는 내친김에 와인 소믈리에 자격증도 땄다.

눈치 보지 않고 음악을 듣는 일도 작은 행복 중 하나다. 음악이나 영화 볼륨을 크게 높이고 즐기기도 한다. 이 집이 아니면 누리지 못했을, 내 삶을 반짝반짝 즐겁게 해주는 소중한 것들이다.

장인어른은 마당이 생기자 장독대를 들이고 텃밭을 가꾸는 재미에 푹 빠지셨다. 지금은 실한 더덕이 꽤 많이 자란다. 포도나무 두 그루, 매실나무, 감나무, 살구나무까지 종류도 다양하다. 매실 액기스를 만들고 과실을 따 먹는다. 텃밭에서 자라는 작물의 유형과 그 모습은 시시때때로 달라진다. 마당이 있는 단독주택에 살다 보니 시도할 수 있는 일이 많아지고, 하나의 일이 무한한 가지를 뻗으며 새로운 활동들로 이어진다.

급기야는 월급을 받는 회사에 연연하지 않아도 괜찮겠다는 생각도 든다. 이 집에서 시작한 원두 로스팅이 이젠 꽤 수준급이다. 또한 오디오도 잘 알게 되고, 작지만 에어비앤비로 사업도 시도해 봤다. 매일이 출퇴근뿐인 현대인의 삶에서 조금은 벗어나고 있다는 느낌이다.

아파트를 떠나오니 나라는 사람이 누군지도 알게 된다. 누군가는 대규모의 사업을 계획하고 실행하는 과정을 즐거워 한다면, 잔재주가 많은 나에게 흥미로운 건 소소한 일거리와 재미다. 내가 이러한 생활에서 삶의 원동력을 찾는 사람이었다는 걸 바로 이 집에서 깨달았다. 이런 유형의 사람들은 집을 짓고 살면 할 수 있는 게 매우 많다.

눈치 보지 않고 뛰어노는 아이들, 마당을 채운 텃밭과 장독대, 느긋하게 즐기는 옥상 바비큐까지. 우리만의 공간이 생기자 일상의 모습이 풍성해졌다.

예상하지 못한 즐거움

아이들에게 우리 집은 할아버지, 할머니, 증조할머니, 아빠, 엄마가 함께 사는 대가족이다. 집을 지은 덕분에 요즘 접하기 힘든 4대가 함께 산다. 이웃에 대한 경계도 낮아져 아이들뿐 아니라 엄마, 아빠들의 유대감도 두터워진다.

서로 가까워지니 함께 모여 아이들 중심의 이벤트를 만들기도 한다. 주말 영화관을 연다거나 날이 좋을 땐 각각 집 근처에서 보물찾기를 한다. 굳이 어른들이 나서지 않아도 아이들은 자기들끼리 동네 공터에 텃밭을 만들고 가꾼다. 공터라는 단어를 알고 진흙을 밟으며 자라는 아이들이 요즘 도시에 얼마나 있을까?

이곳 아이들의 놀이에는 계절마다 색다름이 있다. 여름에는 작은 수영장을 만들어 집마다 놀러 다니며 물놀이를 즐긴다. 핼러윈 행사도 동네 자랑거리다. 먼저 집마다 사탕을 나눠줘도 되는지 동의를 받고 아이들이 들러 사탕을 받는데, 많을 때는 100명까지 참여하기도 했다.

물론 아이들만 좋은 것은 아니다. 어른들도 서로 도움을 주고받는다. 그중 아빠들에게 가장 큰 관심사는 집수리다. 비슷한 시기에 크게 다르지 않은 방식과 규모, 재료로 집을 지었기 때문에 발생하는 문제점도 대동소이하다. 모든 집마다 크고 작게 고칠 일이 발생한다. 설령 집수리가 아니더라도 외벽 청소, 마당 가꾸기 등 집은 철마다 끊임없이 돌봐야 한다.

집을 관리하거나 수리하기 위한 재료, 도구들도 함께 구매하거나 나눠 쓴다. 또 한 집이 써보고 좋으면 다른 집에 소개를 해주니 시행착오도 줄인다. 각자 잘하는 부분이 달라 서로 집 돌보는 일을 도와준다. 여러 집을 고쳐주다 보니 점점 능숙해져 이제 웬만한 집수리는 기술자 도움 없이도 직접 할 수 있게 되었다.

아내는 가끔 불편해 할 때도 있지만 집에서 하는 모임이 많아진다. 요즘은 캠핑을 가서도 음악을 크게 틀기 어려운데, 다행히 옆 땅이 얼마 전까지 비어 있었다. 덕분에 우리 가족은 눈치 볼 필요 없이 바비큐를 하고, 음악 크게 듣고, 원하는 야외 활동을 즐겼다. 물론 피아노나 강아지 소리로 분쟁이 발생하는 집도 있다고 하니 우리 집의 특수성이라고 할 수 있다. 아이나 어른끼리 나이도 비슷해 자연스레 또래 문화가 만들어진다. 40대 중반인 나이에 같은 연배끼리 모여 친구처럼 지낼 수 있는 것도 단독주택이 주는 기회다.

한번은 이런 일도 있었다. 우리가 입주하고 몇 년 후, 인근에 거대한 지식산업센터가 들어섰다. 주택을 내려다보는 규모에 조정장쪽 경치를 가리는 탓에 주민들의 원성이 자자했다. 더구나 센터 냉각탑의 소음 때문에 비오는 날이면 종종 들던 개구리 소리가 자취를 감췄다. 결국엔 주민들이 뜻을 모아 민원을 넣었고, 지금은 소음이 줄어들었다.

1	2

1 공터와 물웅덩이를 돌아다니며 동네 아이들은 텃밭도 만들고 아지트도 만들면서 요즘 도시 아이들 같지 않은 날것의 활동을 즐기고 놀았다.   **2** 여름에는 각자의 수영장을 만들고 아이들은 집마다 돌아다니며 물놀이를 즐긴다. 우리 집 주차장이 워터파크로 변신한다.

다시 물 이야기로

다시 집수리와 방수 공사 이야기를 좀 더 하고 싶다. 우리 집 이야기에서 물은 그만큼 핵심적인 주제이기도 하고, 집을 짓는 누구에게나 발생할 수 있는 일이기에 대처 방법을 나누고자 한다.

임차세대가 퇴거한 후 물 새는 곳을 찾기 위해 직접 옥상의 배수구를 막고, 다른 배수구로 연결도 해보고, 방수, 발수 작업을 했다. 그리고 데크도 뜯어내고 방수작업을 한 후 혼자 다시 깔았다. 페인트칠은 기본이었다. 또한 물이 새면 곰팡이가 슬기 때문에, 크랙이라고 생각되면 벗겨내고, 코킹 작업을 하고, 그러고 나면 공사를 한 부분이 다른 부분과 색깔이 안 맞으니 발수제를 쓰고 다시 페인트를 칠했다. 이런 과정을 몇 번 반복했다.

이렇게 수개월에 걸친 공사를 마친 후 드디어 누수가 잡혔다고 생각했고 확인이 필요했다. 그래서 앞에 이야기한 공간 임대 아이디어가 머릿속에 떠올랐다. 발상은 간단했지만 실제로 타인이 대가를 지불하고 올 만한 공간을 만들기란 마음처럼 쉽지 않았다. 초기 투자 비용은 물론이고 집을 꾸밀 줄 아는 감각과 에너지도 필요했다. 홍보도 중요한데 SNS 활용과도 거리가 멀었던 나는 아내와 상의했다. 당분간 고친 집을 비워놓고 공간 대여를 하겠다는 내 말에 아내의 반응은 그다지 호의적이지 않았다.

"공사 다 끝난 거 아냐? 그럼 다시 전세나 월세를 주면 되잖아."

"방수 공사를 했지만 그전에도 다시 비가 샜었잖아. 이번엔 제대로 고쳤는지 확실하게 확인해야 전처럼 원망 듣는 일이 없지."

"그렇게까지 했는데 공사는 제대로 됐겠지. 은행 이자도 비싸잖아. 공간 임대를 하려면 집을 꾸며야 하는데 그걸 어떻게 하려고. 그냥 전세를 주는 게 낫지. 아이들 치아 교정도 시작해야 하는데."

"집 비우는데 6개월도 넘게 걸렸잖아. 잘 고쳐졌는지 확인하고 시세에 맞게 임차하는 게 더 확실하지 않겠어?"

"공간 임대가 그렇게 쉬워? 우리 집이 홍대 앞도 아닌데 누가 여기까지 오겠어? 괜히 돈만 들이고 아무도 안 오면 어쩌려고."

아이들과 늘 함께 있는 아내는 낯선 사람들이 수시로 드나들 수 있다는 사실을 불안해했다. 걱정이 드는 것은 당연하다. 하지만 우리 부부 모두 아이들에게 각자 방을 주고 나니 생활공간이 부족하다고 느끼던 상황이라, 일단 시험적으로 집을 비워두고 여유 있게 활용해 보는 것에 대해 동의를 얻었다.

아내의 승낙을 얻었어도 막상 공간 대여를 시작하기는 쉽지 않았다. 가정집이 아닌 수업이나 모임을 위한 공간으로 집을 꾸며야 했고, 사업자 등록도 해야 했다. 방수공사를 했으니 벽도 새로 칠하고 집을 단장한 참이었지만 그것으로는 첫걸음도 떼지 못한 상황이다. 예산을 정해 콘셉트에 맞춰 소품과 가구를 들여야 했다. 머나먼 여정이 기다리고 있었다.

미적 감각이 뛰어난 친한 이웃의 도움을 받아 한 달이 넘도록 집을 꾸몄다. 침실 두 개와 거실, 욕실 두 개, 주방, 다락으로 구성된 집을 새로 채운다는 것은 예상보다 어려웠다. 누가 어떤 목적으로 사용할지 불확실한 상태에서 가구 배치와 인테리어를 해야 했다. 집을 너무 꽉 채워도 안 되고, 그렇다고 너무 비워도 안 됐다. 매일 택배를 주문하고, 받고, 조립하고, 채워넣고 이렇게 저렇게 배치해 보고…. 절대 만만한 일이 아니었다. 생각보다 시간이 오래 걸려 거의 두어 달에 후에야 그럴 듯한 공간이 갖춰졌다.

　아내의 걱정대로 처음엔 예약이 많지 않았다. 사기가 급격히 저하됐다. 역시 미사 조정경기장이 있어도 여러 사람이 모이기엔 그다지 매력적인 입지는 아닌 듯했다. 하지만 이미 시작한 일 아닌가. 끈기를 갖고 좀 더 버텨보기로 했다. 다양한 사람이 오가는 중심지로는 매력적이지 않다면, 머무는 사람을 대상으로 방향을 바꿔보면 어떨까 싶었다. 에어비앤비가 어쩌면 이미 엎질러진 물의 대안이 될 것 같았다.

1	2
	3

1,2 방수공사 후 임차세대의 내부를 모두 리모델링했다. 자작나무를 사용했고 고급스러운 느낌이 나도록 창틀을 모두 감쌌다. 그 집에 사는 사람의 고민과 노력을 통해 집은 새록새록 다른 모습으로 태어난다. **3** 직접 방음 시공까지 해서 만든 임차공간의 오디오룸. 비어 있을 때는 우리 가족의 영화관도 되고 음악 감상의 힐링 공간으로 톡톡히 제 몫을 한다.

아이들이 어릴 때는 방을 함께 사용했지만 둘 다 초등학생이 되자 각자 방이
필요해서 아내와 내가 다락을 사용하게 되었다. 좀 더 공간이 필요한 시점이
되었고, 마침 임차세대를 수리하면서 새로운 공간 활용법을 찾아냈다.

다채로움의 발견

임차세대를 새로 단장하면서 현관을 투명한 유리문으로 바꾸었다. 하얀 주물로 된 손잡이에는 '별장'이라는 글자를 새겼다. 항상 머무는 집과는 또 다른 여유와 휴식이 있는 공간이기를 바라는 마음에서였다. 공간 대여와는 다르게 에어비앤비는 상당히 반응이 좋았다.

호기롭게 시작했지만 '이상한 사람이 오면 어떻게 하지?', '우리가 위험하지 않을까?' 이런 생각이 머릿속을 스쳤는데 실상은 전혀 달랐다. 다양한 사람이 우리 집에 묵으러 왔다. 단기 프로젝트를 위해 몇 주간 함께 머무는 직장 동료들, 해외 거주 중인 한국인 가족이 머문 적도 있다. 단지 하루 이틀 머무는데도 수고스럽게 집기를 옮기고, 화분을 거실로 내놓거나 캐비닛을 옮기는 손님도 있었다. 강하게 자기주장을 하다가도 부탁을 할 때는 갑자기 공손해지는 모습을 마주하기도 했다. 새로운 에너지와 즐거운 분위기가 전해지고, 각양각색의 사람들을 보며 자못 놀랐다. 이런 모습이 재밌게 느껴졌다.

이전에는 부족한 경제적 여건을 임대세대를 통해 도움을 받았다. 그다음엔 에어비앤비로 공간을 공유하며 도움도 받고, 예약이 없을 땐 우리도 함께 사용했다. 아이들 생일파티나 동네 이웃과의 모임, 나만의 휴식 또는 재택근무 공간으로 활용했다. 손님들이 퇴실한 후 청소할 때는 열음이와 해온이도 거들어주었다. 말끔하게 내 공간을 정리하고 준비하는 일은 상쾌함과 마음의 평화를 선사한다.

임차세대와 우리 집은 2층으로 향하는 긴 계단실로 분리가 되어 있어 간혹 벽 너머로 하하호호 사람들의 즐거운 웃음소리가 들려왔다. 이런 소리가 우리 가족의 일상에 온기를 더했다. 잘 쉬고 갔다는 글, 우리에 대한 좋은 후기는 교류와 교감의 기쁨을 안겨주었다. 내가 아끼고 매일 보듬는 공간을 그들도 소중하게 여기는 마음이 행복감과 충만감의 원천이 되어 두고두고 다시 읽게 된다. 편하게 묵고 간 이들에게 감사한 마음이다. 짧은 글이지만 '내가 좀 괜찮은 사람인가?'라는 생각도 든다. 물론 수백만 원짜리 스피커에 구멍을 뻥뻥 뚫어놓고 나몰라라 도망간 사람도 있긴 하니 좋은 일만 있던 건 아니지만 말이다.

집 짓기는 독특한 경험을 동반한다. 비가 새는 집에 살다 보니 에어비앤비를 하게 되고, 평범한 직장인이었던 내가 집에서 로스팅을 하고 있다. 그리고 딥다이버와 프리다이빙 강사가 되어 아이들과 함께 바닷속을 탐험한다. 아이들은 집 안에 실로 만든 미궁을 창조해 아빠를 스파이더맨으로 변신시키기도 한다. 이 집에 오지 않았다면 경험하지 못했을 즐거운 순간들이다.

퇴근 후 아이들의 킥킥 소리를 따라 올라가니 펼쳐진 광경. 아빠가 못 들어오
게 막아놓고 너무 즐거운 나머지 열음이는 바닥을 뒹군다.

집도 나도 완숙해진다

집을 짓는 과정 중에도 몇 가지 깨닫게 된 사실이 있다. '내가 어쩔 수 없는 것은 받아들여야'라는 생각이다. 생전 처음이었다. 속 썩이던 건축가와의 갈등 상황에서, 암만 애를 써도 일이 진전되지 않는다는 게 얼마나 답답했는지 모른다. 나는 열악한 상황에서 집을 지어보려 노력했을 뿐인데, 그로 인해 자존심이 상했다는 건축가가 잠적해 상황이 극도로 악화하지 않았는가? 이후 시공사와 일할 때는 상대방이 악의적인 마음을 지닌 것이 아니면 믿고 일을 진행했다. 그러자 마음이 편했다. 이때 익힌 교훈은 이후 사회생활에도 적용되었다.

　　집을 지을 때 콘크리트를 붓고 나면 양생 과정을 거친다. 이때 시간이 갈수록, 처음에는 정확히 맞물렸던 문이나 창 같은 부분이 뒤틀리기도 한다. 그러다 보니 지금은 현관문도 고장나고, 여기저기 틀어진 곳들이 발견된다. 집안 곳곳을 직접 수리하며 생활한 지 7년이 넘었다. 누군가는 힘들어 할지 몰라도 나에겐 너무 당연한 일로 느껴진다. 이웃들이 붙여준 '스티브 잡부'라는 별명이 그냥 생긴 건 아니다.

　　매년 외벽 청소를 할 때마다 집이 나와 같이 점점 완숙해지는 것 같다. 꾸준히 집을 보수하다 보니 이제 어디를 보더라도 한 번씩은 내 손이 닿았던 곳들이다.

　　집은 나무처럼 듬직해서 견딜 수 있는 만큼 견딘다. 그러면서 사람에게 신호를 준다. 이때 알아차려 조치하면 다행이다. 그 집은 오래오래 견고하고 든든하게 가족들을 보호해준다.

집은 단순한 거처의 공간이 아니다. 여러 기억이 쌓이면서 그 안의 사람과 함께 나이 들어가는 동반자다. 어찌 보면 자동차도 마찬가지다. 누구에겐 단순한 이동수단이지만 누구는 음악을 감상하는 힐링의 공간이고, 가족과 여행을 하고 행복을 만드는 수단이지 않은가? 나와 가족에게는 함께 만들고 가꾼 이 집이 그렇다.

집을 보살피는 일은 내 마음을 평온하게 한다. 집의 외벽을 청소하고, 발수 코팅을 하고, 오일 스테인을 바르고, 그런 와중에 집의 세세한 부분들을 발견한다. '여기가 틀어졌네, 그런데 스스로 알아서 잡았네….' 집이 점점 탄탄해지는 것이 보인다. 나도 그랬으면 좋겠다고 소망한다.

또 다른 집을 짓는다면

흔히들 집을 지으면 10년은 늙는다는 이야기를 한다. 하지만 나는 신나고 즐거웠다. 설계사무소 사고만 아니었다면 아무 걱정 없이 집을 지었을 것 같다. 하지만 지금 집에도 아쉬운 점이 없진 않다. 비용의 여유가 있었다면 지하실을 만들고 싶었다. 수전이나 콘센트, 창호도 지금보다 더 뛰어난 품질의 제품을 썼다면 좋았을 것이다.

과거로 돌아가도 집을 짓겠냐고 묻는다면 당연히 그렇다고 답할 것이다. 나뿐 아니라 주변에도 무조건 집 짓기를 추천한다. 다음에는 여건이 된다면 두 가구가 사는 집이면 어떨까? 나는 아파트에 살아본 적이 없는데, 다락과 지하가 있는 집이 다채롭게 느껴졌다. 어릴 때 살던 주택에서의 일상에 관한 추억이 많다. 지금 집을 짓게 된 이유도, 풍요로운 공간이 주는 즐거움을 나와 같이 아이들도 누리길 바랐기 때문이다. 아이들에게 계단을 오르내리며 생활하는 집을 맛보여주고 싶었다. 아이들에게 물어봤다.

"너희는 아파트에 살고 싶니? 우리 집이 왜 좋아?"

"아파트는 계단이 좁아요. 집이 넓어서 좋아요."

대답하는 순간에도 아이들은 깔깔거리며 집 안을 뛰어다닌다. 곧 동네 아이들 세 명이 바깥에서 얼굴을 들이대고 똑똑 두드린다. 놀러 나오라는 이야기다. 벨을 누를 필요가 없다.

얼마 전 놀러 온 지인이 아이에게 장난삼아 물어봤다.

"너는 집이 몇 개야?"

"세 개요. 아빠 집, 별장, 할아버지 집이요. 아빠 집이 제일 좋아요."
뒷이야기를 모르는 누가 들으면 아주 부자인 줄 알 것 같다.

아내와 집을 짓고 사는 생활에 대해 총평을 해봤다. 아내는 주택에
이사 오고 외출하는 빈도가 확연히 줄었단다. 예전엔 주말마다 넓고 탁
트인 곳을 찾아다녔는데, 지금은 집에서 많이 놀고, 이런 생활이 꽤 괜찮
다고 한다. 물론 장단점이 있지만, 아이들이 자유롭게 뛰어놀고 좋은 이
웃이 있어 후회 없는 선택이라고, 단점은 아이들이 어렸을 때 바로 집 옆
에 맡길 어린이집이 없었다는 점 정도라고 말한다.

단독주택에 살면 난방비 걱정을 많이 할 것 같지만, 아내는 오히려
주택이 더 따뜻하게 느껴진다고 한다. 욕실을 포함해 모든 공간에 창문
을 크게 냈는데, 한겨울 가스비가 20만 원 정도 나오니, 아파트보다 많이
나오지는 않는다. 이쯤이면 높은 합격점이다.

과연 우리는 언제까지 이 집에 살까? 또 다음에는 어떤 집에서 살
게 될까? 나는 이 집을 떠나도 또다시 주택에 살 것이다. 새로운 집을 다
시 지어보고 싶다. 큰 땅을 사게 된다면 1층짜리 집을 짓고 싶다. 단층집
이 주는 안정된 느낌이 좋다. 지하는 꽤 깊게 만들고 싶고, 집의 면적은
60평 정도면 적당할 것 같다는 생각이다.

하지만 아내는 이곳에서 멀리 떠나 다시 집을 짓고 싶어 하지는 않
는다. 현재 사는 집은 두고 또 다른 집을 만든다면 모를까, 온전히 생활
환경을 바꾸기란 쉽지 않다고 한다. 이 집도 이전 살던 집과 그리 멀지
않았기 때문에 결정할 수 있었다고 한다.

주변에서 내가 집을 짓고 산다고 이야기하면 상대방이 보는 시각

이 달라진다는 것을 여러 번 느낀다. 집 짓는 것은 굉장히 큰일이기 때문인 것 같다. 집을 짓는다는 것은 본인이 혼자 할 수 있는 것이 아니라 주변의 도움이 있어야 할 수 있는 일이다. 이렇게 중차대한 일을 한번 하고 나면 다음부터는 많은 일이 훨씬 더 수월해진다. 다른 집을 짓게 된다면 나는 또 얼마나 달라질지 기대된다. 머지않아 집을 한 번 더 지을 수 있기를 고대한다.

시간이 흘러 어김없이 비의 계절이 찾아왔다. 이 집에서 일곱 번째 맞는 장마였다. 비는 해가 갈수록 무서울 정도로 거세진다. 하지만 세차게 내리던 비는 더 이상 물이 샐까 걱정할 필요가 없다는 사실을 증명했다. 우리는 가을을 기점으로 에어비앤비와도 작별했다.

비 오는 밤, 이 동네는 진가를 발휘한다. 빗소리를 배경으로 개구리와 맹꽁이가 때론 시끄럽게 때론 잦아드는 듯 밤새 서사를 읊어댄다. 봄, 가을 저녁과 새벽의 찌르레기, 귀뚜라미 소리도 마음에 고요함과 청량감을 준다. 그래서 우리 동네 주민들은 창문을 열고 자는 사람들이 많다. 이곳은 빗소리마저 달라 직접 물방울이 땅에 부딪히고 튕기는 소리가 작은 생명체들 세계의 소리와 제멋대로 어우러진다. 이런 곳에서 불면의 밤은 존재할 수 없다.

누구나 집에 살지만, 모든 집이 사람을 변화시키지는 않는다. 어떤 집은 사람을 더 다채롭게, 행복하게, 극적으로, 진취적으로, 따뜻하게, 폭넓게, 성숙하게 채색한다. 나와 우리 가족은 집을 지었고, 그 집이 우리를 만든다. 시제는 현재진행형이다.

물 새는 집에서 시작된 물과의 친밀감은 비 오는 날 옥상을 거쳐 프리다이빙을 배우게 하더니 딥다이버와 강사로 도약시켰다. 이젠 아이들도 함께 배워 동해를 거쳐 이집트 홍해로 진출하게 됐다. 우리 가족은 앞으로 어디로 가게 될까.

다섯 집 이야기

나의 꿈을 대신 이룬 분들을 우연히 만나 덜컥 부탁을 드려 집을 찾아갔다. 어떻게 집을 지었는지, 어떤 모습으로 생활하는지 전해 듣고 다듬어 이 책을 완성했다. 책을 구상한 초기에는 '자발적으로 아파트를 떠난 사람들'이 선택한 훨씬 다양한 집과 삶의 모습을 담고 싶었다. 1인 가구부터 전통적인 형태의 가족까지, 다양한 사람들이 함께 집을 짓고 한집에 모여 사는 '여백주택'의 뜻깊은 이야기도 전하고 싶었고, 사진처럼 아름다운 풍경 속 전원 마을도 책의 목차에 들어 있었다.

그러나 개인적인 로망과 가장 밀접한 단독주택부터 인터뷰를 시작하니 집마다 그만의 독특한 스토리와 매력이 가득해 책 한 권을 채우게 됐다. 인터뷰를 할 때마다 설렘이 가득했고, 이후 며칠간 그런 공간에서 생활하면 어떤 느낌일지, 나는 또 어떤 모습일지 두고두고 상상이 꼬리를 물어 혼자 들뜨기도 했다.

다섯 집의 주인공들을 만나며 알 수 있었다. 과감하게 아파트를 포기하고 자신에게 맞는 집을 찾아 나설 땐, 결단력뿐 아니라 인내력과 포용력, 혜안이 필요하다는 사실을. 때로는 오래된 자료를 찾아가며 사실관계를 확인하고 꼼꼼하게 집 짓기 과정과 삶의 모습을 알려준 덕에 집을 짓고 새로운 첫발을 성큼 내디딜 누군가는 분명 시행착오를 줄일 수 있을 것이다. 정말 귀중한 경험을 나눠주었다. 책에 담긴 대부분의 사진 또한 그들이 수년에 걸쳐 정성 들여 찍고 남겨둔 장면들이다.

가장 내밀한 공간인 자신의 집을 타인에게 열어 보여주는 것은 근본적인 자신의 모습과 삶을 드러내는 것이라 부담스러운 일이다. 그런데도 방문과 인터뷰를 허락하고 기억을 한참 거슬러 올라가는 꼼꼼한 이야기를 통해 이 책이 탄생할 수 있도록 일 년 동안 도와주신 문지연·유진현, 이른봄·한도희, 박채은·심한별 님과 강선생님·배선생님 그리고 고경은·최민규 님께 머리 숙여 진심으로 깊은 감사의 말씀을 드린다.

여전히 '우선 집부터'

자급자족 농경시대를 벗어난 지가 수백 년이니 이제 다른 사람이 만든 옷을 입고, 음식을 먹는다. 그렇다면 공간에 대해서도 남이 지은 집에 사는 것은 어찌 보면 당연할 수 있다. 그런데 누군가는 아직도 스스로 마음에 드는 땅을 고르고 집 짓기를 꿈꾼다. 자신만의 모습으로 살고 싶다는 삶에 대한 애착의 표현일까?

4년 전 출간한 『우선 집부터, 파리의 사회주택』에서 집은 단순히 개인의 아늑한 안식처를 넘어 사회 속 기회균등과 자아실현의 첫 단추라는 이야기를 나눴다. 또한 부동산 중심의 우리나라 주택 문화가 다른 사회에 비해 획일적이라는 이야기도 전했다. '아파트를 떠난 사람들'은 그 연장선에서 아파트가 아닌 다른 주거 형태를 찾아가는 하나의 방법을 나누고자 한 책이다. 우리의 삶, 일상생활, 사회와 문화, 공동체 의식은 언제나 '우선 집에서'부터 시작되기 때문이다.

내가 그 안에서 사는 건 아니지만 우리 도시와 마을 어딘가에 누군가 그런 멋진 집을 만들고 실현해 살고 있다는 사실은 한껏 자랑스럽고 즐겁다. 그래서인지 공사 기간에 어려움을 겪은 이야기를 들을 땐 내가 겪는 일인 양 긴장했고, 집을 지은 후 비로소 찾은 안정된 생활을 이야기할 땐 나 또한 풍요롭고 여유로운 기분이 들었다. 좋은 집은 좋은 공동체와 도시를 만들고 주변 사람에게도 풍요로움과 다채로움을 전염시키기 때문이다.

모두 자신들의 집을 찾고, 만들고 나니 달라진 삶이 찾아왔다고 한다. 항상 꿈꾸던 직접 지은 나만의 작은 마당과 한 뼘 테라스가 있는 집에서라면 나는 어떻게 얼마나 행복해질까? 그 답을 언젠가 직접 찾을 수 있을까?

책을 마무리하는 지금, 독자들의 궁금함이 이어져 이 책에서 못다한 공동체 주택과 또 다른 주택, 마을, 그 안의 삶에 관해 전달할 기회가 있으면 하는 바람도 남는다. 이미 40%에 근접한 1인 가구, 초고령사회에 진입한 우리 사회를 생각해본다. 이제 집은 개인적인 공간을 넘어 정서적, 사회적, 신체적으로 서로 나누고 돌보는, 따뜻함을 전하는 공간으로 바라보아야 하기 때문이다.

Courage to Create

자신의 세상을 찾아 이제 성큼 걸음을 내딛는 딸, 소중한 해서에게
나의 사랑과 앞날에 대한 응원을 싱가포르 벤쿨렌가에서 발견한 이 단어에 담아 전한다.

아파트를 떠난 사람들

공간을 통해 삶을 바꾼 용감한 다섯 가족의 모험기

1판 1쇄 인쇄 | 2025년 1월 15일
1판 1쇄 발행 | 2025년 1월 30일

지은이　최민아
펴낸이　송영만
편집　송형근 이나연
디자인　오정원

펴낸곳　효형출판
출판등록　1994년 9월 16일 제406-2003-031호
주소　10881 경기도 파주시 회동길 125-11(파주출판도시)
전자우편　editor@hyohyung.co.kr
홈페이지　www.hyohyung.co.kr
전화　031-955-7600

ISBN 978-89-5872-239-7 (03540)

값 20,000원